高职高专土木与建筑类项目制教学"十三五"规划教材

建筑工程 CAD

主　编　吴莉莹　杨惠予

副主编　申鹏杨　陆进保　王丽辉

　　　　曲梦露　马心俐

哈尔滨工程大学出版社

Harbin Engineering University Press

内容简介

本书主要介绍了运用 AutoCAD 2016 中文版绘制各种建筑工程图的技巧。全书分为八个模块,包括计算机绘图基础、AutoCAD 绘制平面图、AutoCAD 绘制立面图、AutoCAD 绘制剖面图与查询图形信息、AutoCAD 绘制建筑详图、图形打印输出、简单三维建模和天正建筑软件绘制建筑施工图。

本书既可作为各类高职高专院校相关专业的教材,也可作为建筑设计制图和工程设计专业人员的参考用书。

图书在版编目(CIP)数据

建筑工程 CAD/ 吴莉莹,杨惠予主编 . 一哈尔滨:
哈尔滨工程大学出版社,2018.8
ISBN 978-7-5661-1622-2

Ⅰ.①建⋯ Ⅱ.①吴⋯ ②杨⋯ Ⅲ.①建筑设计-计
算机辅助设计- AutoCAD 软件 Ⅳ.① TU201.4

中国版本图书馆 CIP 数据核字 (2017) 第 199829 号

策划编辑   徐　峰
责任编辑   于险波
封面设计   广通文化

出版发行	哈尔滨工程大学出版社
地　　址	哈尔滨市南岗区南通大街145号
邮　　编	150001
发行电话	0451-82519328
传　　真	0451-82519699
经　　销	新华书店
印　　刷	北京紫瑞利印刷有限公司
开　　本	787mm×1092mm　1/16
印　　张	16.5
字　　数	397千字
版　　次	2018年8月第1版
印　　次	2018年8月第1次印刷
定　　价	45.00元

http://www.hrbeupress.com
E-mail:heupress@hrbeu.edu.cn
对本书内容有任何疑问及建议,请与本书编委会联系。邮箱designartbook@126.com

PREFACE 序

　　AutoCAD是在现代技术条件下的一种新的、全方位的建筑设计与表达方式，已经成为土木工程、工程造价、建筑工程管理等专业的一门专业基础课程。随着信息时代工程设计模式的发展，熟练掌握AutoCAD成为新一代工程师必须具备的基本素质。因此，本书内容的编排是非常有意义的，其融合了大量的实例和技巧，使广大学子能更容易、更深入地了解AutoCAD在建筑工程中的应用，实现计算机学与土木工程学知识的融会贯通和综合应用。

　　本书由一批学术水平较高、实践能力较强、教学经验丰富的教师编写而成，他们既是教学经验丰富的教师，又是建造师或工程师，他们结合工作经验讲述了大量的操作技巧。本书编写采取了应用型人才培养的教材模式，打破了以书本知识点为线索的常规教学方式，以某设计工程图为蓝本，将知识点贯穿起来应用，从新建文件开始一步步向读者展现出工程图的绘制过程和方法。书中的实例大都选用实际施工用图纸，具有较强的实用性和可操作性。

　　希望读者通过本书的学习，能掌握建筑工程图的绘制方法、AutoCAD软件以及天正建筑软件的应用方法，真正做到学以致用，为从事工程设计工作奠定良好的基础。

景建华

景德镇陶瓷学院教授、硕士生导师

FOREWORD 前言

　　21世纪，计算机技术迅猛发展，作为计算机辅助设计（CAD）基础之一的计算机绘图在土木行业的应用日益广泛，计算机绘图已成为工程师和设计师从事建筑工程工作的必备技能。"建筑工程CAD"是高职高专建筑类专业的一门主要专业技术基础课程，是传统建筑制图与现代信息技术绘图软件AutoCAD相结合的融合性课程。

　　本书以编者多年的CAD教学讲义为蓝本，以最新版本CAD为操作平台，从初学者的角度布局谋篇。本书具有四大特点：编写目标明确，技术路线清晰；编写体系新颖，课程结构严谨；内容取舍讲究，辅助内容实用；凸显实训技能，紧扣建筑CAD。

　　本书特别强调操作能力的训练，融入了足够的实训内容，突出理论实训一体化的原则。每个模块都配有与教学内容相结合的实例或习题，学生可以在实际操作中边学边练。同时，在书中尽可能多地采用图片、照片以及步骤清晰的操作流程，以激发学生的学习兴趣。

　　本书注重与工程建筑的结合，依照建筑行业的职业工作过程，以真实和模拟的职业活动为载体，选取典型的建筑平面图、建筑立面图、建筑剖面图和节点详图作为训练目标，构建特定的学习情境，可使学生获得完整的职业行动能力，最终实现"零距离上岗"的就业目标。

　　本书在编写过程中，参阅和引用了一些优秀教材的内容，吸收了国内外众多同行、专家的最新研究成果，在此对相关作者表示感谢。

FOREWORD

　　本书由九江学院吴莉莹、黑龙江工业学院杨惠予担任主编，广西交通职业技术学院申鹏杨、乌鲁木齐职业大学陆进保、石家庄职业技术学院王丽辉、齐齐哈尔工程学院曲梦露、山东胜利职业学院马心俐担任副主编。吴莉莹编写模块一、模块二和附录，杨惠予编写模块八，申鹏杨编写模块七，陆进保编写模块三，王丽辉编写模块五，曲梦露编写模块四，马心俐编写模块六，全书由吴莉莹统稿、定稿。

　　由于编者水平有限，书中疏漏之处在所难免，敬请广大读者批评指正。

编　者

目录
Contents

模块一　计算机绘图基础

　　了解 AutoCAD 2016 软件绘图的基本知识；了解其工作界面和坐标系统；熟悉建立新文件、打开和保存文件的方法。

课题一　认识 AutoCAD

　　CAD 即计算机辅助设计(Computer Aided Design)。所谓 CAD 技术，是利用计算机快速的数值计算和强人的图文处理功能来辅助工程师、建筑师、设计师等工程技术人员进行产品设计、绘图和数据管理的一门计算机应用技术。

　　常用的 CAD 软件按照其用途分为机械类和建筑类两类。机械类有 UG、Pro/E、Inventor、MDT、Solidworks、SolidEdge、AutoCAD 等；建筑类有 Revit、ADT、ABD、天正、中望、园方、AutoCAD 等。

　　AutoCAD 是由美国 Autodesk 公司推出的一款通用计算机辅助设计绘图的软件包。自1982 年 12 月推出 1.0 版本以来，历经 30 多次版本的升级，由于其具有强大的绘图功能和领先的科学技术，它已经成为国际性的计算机辅助设计标准，被广泛地应用于机械、电子、建筑、土木工程、航天、化工、冶金、地质、工业造型等领域。

课题二　启动 AutoCAD 2016

　　启动 AutoCAD 2016 有多种方式，具体操作步骤如下：

　　(1)在安装 AutoCAD 时，默认将 AutoCAD 2016 的快捷方式图标放置在桌面上，当需要启动 AutoCAD 2016 时，只要双击"▲"图标就可以进入该软件。

　　(2)在开始菜单中执行"所有程序"→"Autodesk"→"AutoCAD 2016-简体中文(Simplified

Chinese)"→"AutoCAD 2016-简体中文（Simplified Chinese）"命令，启动软件，如图 1-1 所示。

（3）双击文件夹中已有的"dwg"文件，也可启动 AutoCAD 2016 软件，如图 1-2 所示。

图 1-1 启动 AutoCAD 2016

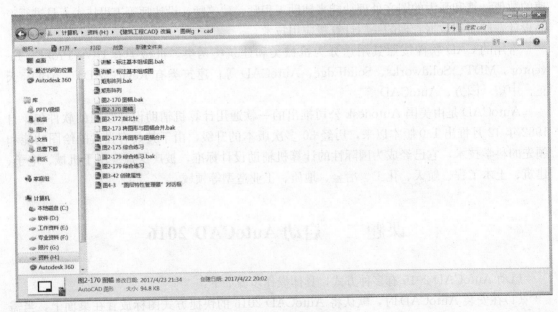

图 1-2 打开已有"dwg"文件

课题三 AutoCAD 2016 工作空间

AutoCAD 2016 提供了三种工作空间：草图与注释空间、三维基础空间和三维建模空间，如图 1-3 所示。

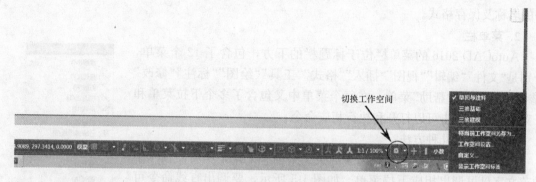

图 1-3 AutoCAD 工作空间

AutoCAD 2016 没有直接提供 AutoCAD 经典空间。对于习惯于 AutoCAD 经典空间的用户来说，可以用以下操作来调出该工作空间：

(1)在命令行中输入"MENUBAR"→按 Enter 键→1→按 Enter 键。

(2)在菜单栏选择"工具"→"工具栏"→"AutoCAD"命令，弹出一级联菜单，在该菜单中列出了 AutoCAD 常用的工具栏，如标准、绘图、修改、图层、样式、特性和工作空间等，可以选择相应的工具栏并将其移动到如图 1-4 所示的位置。

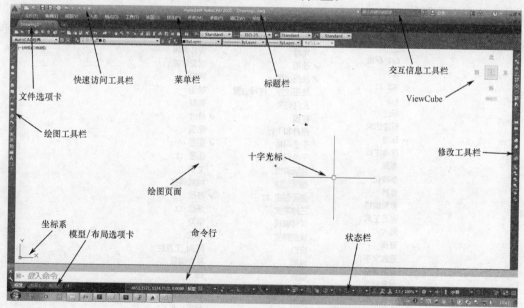

图 1-4 AutoCAD 经典工作空间

(3)点击工具菜单中的"工作空间"下拉菜单里选择"将当前工作空间另存为"选项，在"保存工作空间"对话框中将当前工作空间设置为"AutoCAD 经典"即可。

AutoCAD 经典界面是最常用的工作空间，主要由标题栏、菜单栏、标准工具栏、绘图工具栏、修改工具栏、绘图页面、状态栏、坐标系等多个部分组成，如图 1-4 所示。

1. 标题栏

AutoCAD 的标题栏位于工作空间的正上方，用于显示软件的版本和当前所操作图形文件的名称及保存格式。

2. 菜单栏

AutoCAD 2016 的菜单栏位于标题栏的下方，包含了 12 个菜单，分别是"文件""编辑""视图""插入""格式""工具""绘图""标注""修改""参数""窗口"和"帮助"菜单。在每个菜单中又包含了多个下拉菜单和子菜单，通过点击可以打开和执行相应命令。

图 1-5 "绘图"菜单

调用菜单的几种方法：

(1)按 Alt＋该菜单名后括号里的英文字母＋下拉菜单后面括号中的英文字母可调出相应下拉菜单。如图 1-5 所示，要调出直线命令可按快捷键 Alt＋D＋L。

(2)直接单击所需的菜单即可。

> **注：**菜单中带有"▶"标志的表示后面带有子菜单。菜单右侧出现"…"，说明有潜藏的对话框。

3. 工具栏

AutoCAD 2016 提供了 50 多个工具栏，用户可以根据需要打开或关闭任何一种工具栏，其操作方法有以下两种：

(1)在任意工具栏上右击，即弹出列有工具栏目录的快捷菜单，如图 1-6 所示。只需单

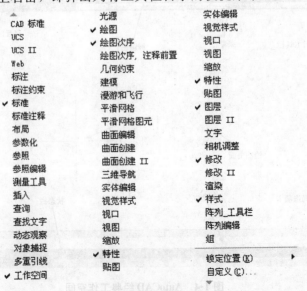

图 1-6 工具栏快捷菜单

击要用的下拉选项的名称便能打开相应的工具栏。下拉选项前有"√"符号的表示对应的工具栏已经打开。

（2）选择"视图"→"工具栏"命令或在界面右下角的"切换工作空间"下拉选项栏中点击"自定义"选项，均能打开"自定义用户界面"对话框，可以根据需要自定义工具栏，如图 1-7 所示。

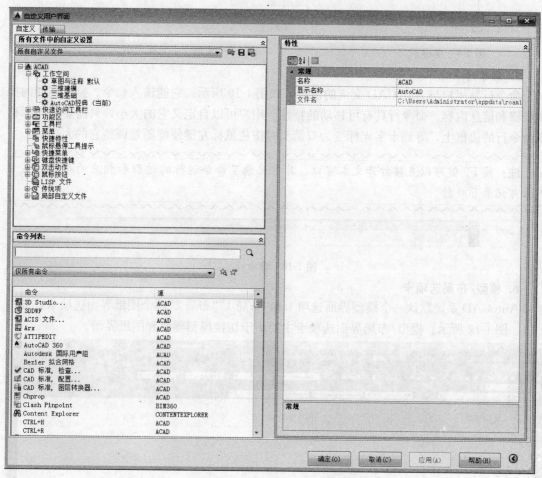

图 1-7　"自定义用户界面"对话框

常用的工具栏有绘图、特性、修改、标注和图层等。这些工具栏只需按住鼠标左键拖曳就可以随意组装和拆分。

4. 绘图页面

绘图页面是指菜单栏下的大块空白区域，类似于手工绘图的图纸。这个区域是无限大的，能通过滚动条来调整大小，可以用平移和缩放工具控制视图。

（1）坐标系。在绘图页面左下角，有一个"L"形带箭头的图标，这就是坐标系。如图 1-8 所示，该图标显示了当前使用的坐标系和它的坐标方向。AutoCAD 提供了世界坐标系和用户坐标系两种坐标系。世界坐标系为默认坐标系。

(2)十字光标。将光标移动到绘图页面中会变成带有小正方形的十字光标，十字光标主要用于确定当前点所在的坐标位置和选择对象。可以通过选择"工具"→"选项"→点击"显示"选项卡的右侧来调整十字光标的大小，如图 1-9 所示。

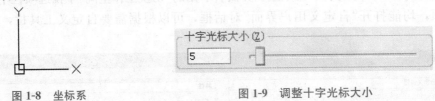

图 1-8 坐标系　　　　　　　　　　图 1-9 调整十字光标大小

5. 命令行

命令行是用户与 AutoCAD 交流的窗口，如图 1-10 所示。它能输入命令、显示当前的操作步骤和信息内容。命令行具有可移动的特性，用户可以自定义它的大小，只需要将光标移到命令行的边框上，等到十字光标变为双箭头时按住鼠标左键便能随意调整它的大小。

> **注：** 按 F2 键可以直接打开文本窗口，其中记录了命令运行的过程和相应的参数，最多可记录 500 行。

图 1-10 命令行

6. 模型/布局选项卡

AutoCAD 系统默认一个模型界面选项卡和"布局 1""布局 2"两个图纸界面选项卡，如图 1-11、图 1-12 所示。模型/布局界面选项卡主要用于切换模型界面和图纸界面。

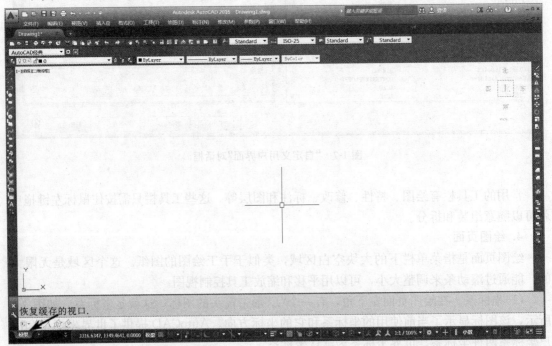

图 1-11 模型界面

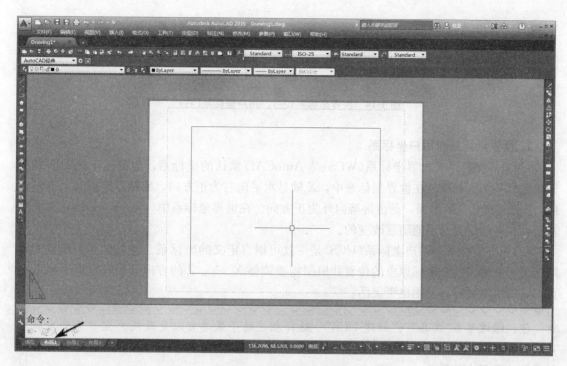

图 1-12 布局(图纸)界面

7. 状态栏

状态栏用于显示或设置当前的制图状态,如图 1-13 所示。状态栏上左侧的数字表示十字光标在 X、Y、Z 轴上的定位坐标。在中间部分是软件提供的精确绘图命令,从左向右依次为:"推断约束""捕捉""栅格""正交""极轴""对象捕捉""三维对象捕捉""对象捕捉追踪"等功能。单击某一按钮就能将相应的命令激活或关闭。右侧是快速查看图形的按钮和注释比例命令按钮等。

图 1-13 状态栏

课题四 AutoCAD 2016 坐标系

为了绘制出精确的图形,AutoCAD 2016 为用户提供了两个坐标系,从而能通过输入坐标值来确定某一点在空间中的坐标位置。这两个坐标系分别是:世界坐标系(World Coordinate System,WCS)和用户坐标系(User Coordinate System,UCS),如图 1-14 所示。

图 1-14 世界坐标系(左)、用户坐标系(右)

1. 世界坐标系和用户坐标系

(1)世界坐标系。世界坐标系(WCS)是 AutoCAD 默认的坐标系,绘制图形时大多采用世界坐标系作为基础。在世界坐标系中,X 轴是水平向右为正方向,Y 轴是垂直向上为正方向,Z 轴垂直于 XY 平面,是由屏幕向外为正方向。在世界坐标系中,X、Y、Z 的正方向以及坐标原点的位置是不能随意改变的。

(2)用户坐标系。用户坐标系(UCS)是一款可以自定义的坐标系。它与世界坐标系的不同在于,它可以改变坐标原点的位置并根据需要调整 X、Y、Z 的方向。相较世界坐标系而言,它的用途更广,使用也更灵活。

> **注**:通过单击"工具"→"新建 UCS"→选择相应的子菜单可以更改用户坐标系的坐标原点和 X、Y、Z 的正方向等;也可以在命令行中输入"UCS"→按 Enter 键,输入相应字母从而调出该菜单。

2. 直角坐标和极坐标

(1)直角坐标。直角坐标又称笛卡儿坐标,是 AutoCAD 中最常用的坐标。在二维平面上,直角坐标是指特定点以坐标原点(0,0)或另外一点为参考点,分别在 X、Y 轴上的直线距离的表示方法。X 轴水平向右为正方向,Y 轴垂直向上为正方向。确定某一点的坐标值时可以有负值,这里的负值表示方向,两个数字之间用","隔开。

直角坐标可以用绝对直角坐标和相对直角坐标两种表示法来确定某一点的位置。

1)绝对直角坐标。绝对直角坐标的表示方法是指在二维平面内,X 轴和 Y 轴基于坐标原点(0,0)之间产生的位移,以(X,Y)来表示,如图 1-15 中,A 点的绝对坐标值为(-3,2)。

2)相对直角坐标。相对直角坐标的表示方法是指在二维平面内,相对于另一个坐标点的 X 轴和 Y 轴的实际位移,需要在坐标值前面加一个"@"符号,如图 1-15 中,如果 A 点是 B 点的原点,那么 B 点的相对直角坐标值则是(@10,3)。

(2)极坐标。极坐标是指特定点与坐标原点或另外一点的位移和角度。通常在位移和角度间用"<"隔开。如图 1-16 所示,坐标左侧的点就可以表示为(4<135),前面的"4"是该点与坐标原点(0,0)之间的位移,后面的"135"是该点到原点的连线与 X 轴之间的夹角角度。

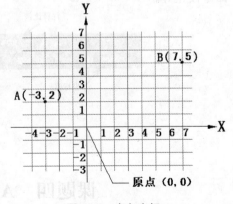

图 1-15 直角坐标

注：角度为正值时夹角沿着逆时针方向旋转，角度为负值时夹角沿着顺时针方向旋转，水平向右为 0°。位移不可为负值。

　　同样的，极坐标也有两种表示方法，分别是：绝对极坐标表示法和相对极坐标表示法。

　　1）绝对极坐标。绝对极坐标是指特定点与原点间的直线位移和与 X 轴正方向的夹角角度。坐标值可以表达为（距离＜角度）。如图 1-17 所示，A 点中的"100"表示该点与坐标原点之间的距离，而"45"表示原点到 A 点的连线与 X 轴正方向的夹角角度。

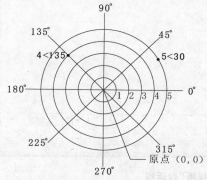

图 1-16　极坐标

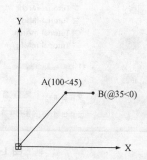

图 1-17　极坐标的表示方法

　　2）相对极坐标。相对极坐标是指特定点与另一点间的直线位移和与 X 轴正方向的夹角角度。需要在坐标值前面加一个"@"符号，坐标值可以表达为（@距离＜角度）。如图 1-17 中，B 点坐标值中的"35"表示与 A 点的距离，"0"则表示以 A 点作为假定原点时 AB 连线与 X 轴之间的夹角角度。

课题五　AutoCAD 2016 常用基本操作

1. 新建文件

　　当启动 AutoCAD 2016 时会默认一个图形文件，可以在该文件中绘制任意图形。如果需要新建图形文件时，可以用以下几种方法操作：

　　（1）命令行输入："NEW"；

　　（2）菜单栏："文件"→"新建"；

　　（3）单击"标准"工具栏中的"▭"按钮；

　　（4）按快捷键 Ctrl＋N。

　　执行上述操作后在界面上就会弹出"选择样板"对话框，如图 1-18 所示。AutoCAD 内置了大量的样板可以直接使用，样板的格式有 dwt、dwg、dws 和 dwf 四种。一般情况下，"dwt"文件是标准的样板文件，通常是一些规定的标准性文件样板；"dwg"文件是默认的图形文件；而"dws"文件是包含标准图层、线型、标注样式和文字样式的样板文件；"dwf"文件是图形交换文件，是用文本形式存储的图形文件，能够被其他程序所读取。

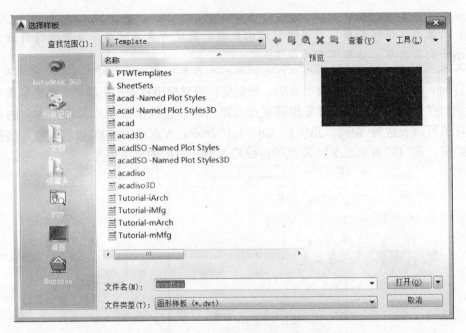

图 1-18　"选择样板"对话框

当用户需要自定义新建文件时，可以打开"创建新图形"对话框，根据提示来设置图形文件。

调出"创建新图形"对话框的方法是在命令行中输入"startup"→Enter 键→1→Enter 键（在这里"1"表示打开，"0"则表示关闭这个命令）。完成以上操作同样可以使用前面提到的新建图形文件的四种方法，但不会弹出"选择样板"对话框，而会调出"创建新图形"对话框来创建新的图形文件，如图 1-19 所示。

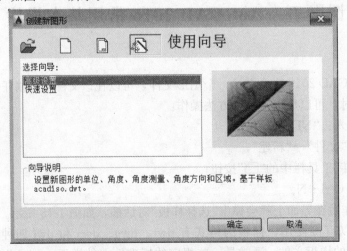

图 1-19　"创建新图形"对话框

注：凡是文件名以"GB"开头的样板图都适合中国用户使用，该样板的绘图环境设置符合中国国家标准，有的甚至还提供了中文标题栏和图框。

2. 保存文件

在使用 AutoCAD 绘制图形的过程中，可以采用以下几种方法保存文件：

(1)命令行输入："QSAVE"或"SAVE"；

(2)菜单栏："文件"→"保存"；

(3)单击"标准"工具栏中的"💾"按钮；

(4)按快捷键 Ctrl+S。

注：建议用户养成随时保存文件的好习惯，这样可以避免一旦出现死机或其他情况造成数据的丢失。

如果要保存已存储过的文件，可以调出"图形另存为"对话框，重新设置文件名和保存格式，如图 1-20 所示。调出"图形另存为"对话框的方法有以下几种：

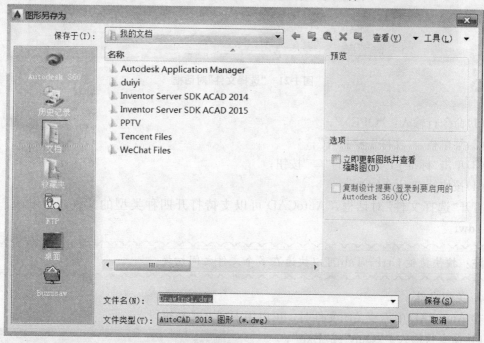

图 1-20　"图形另存为"对话框

(1)命令行输入："SAVES"；

(2)菜单栏："文件"→"另存为"；

(3)单击"标准"工具栏中的"💾"按钮；

(4)按快捷键 Ctrl+Shift+S。

3. 打开文件

在 AutoCAD 中需要打开已有文件进行再次修改时，可执行以下操作调出"选择文件"对话框，如图 1-21 所示。

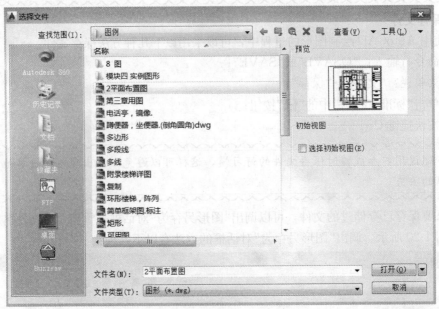

图 1-21　"选择文件"对话框

(1)命令行输入："OPEN"；
(2)菜单栏："文件"→"打开"；
(3)单击"标准"工具栏中的"📂"按钮；
(4)按快捷键 Ctrl+O。

打开"选择文件"对话框，AutoCAD 可以支持打开四种类型的文件，即 dwg、dwt、dws、dwf。

> 注：按快捷键 Ctrl+Tab 可以快速在多个文件之间切换。

4. 关闭文件

在 AutoCAD 中需要关闭文件时，可以用下列方式来执行：

(1)命令行输入："Quit"或"Exit"；
(2)菜单栏："文件"→"关闭"；
(3)单击界面右上角的"❌"按钮；
(4)按快捷键 Alt+W+O。

执行完以上操作，则会弹出图 1-22 所示的系统提示框。单击"是"按钮会保存并退出，单击"否"按钮将不保存该文件直接退出。

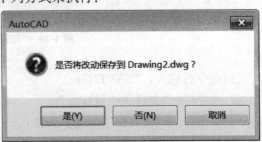

图 1-22　系统提示框

课题六 绘图环境的设置

用户在使用 AutoCAD 绘图之前，为了提高设计的速度和质量，往往会根据所绘制图形的要求设置图形界限和图形单位等系统参数。

1. 图形界限

在绘图时需要设计一个虚拟的矩形区域，用来控制图形的范围，这个矩形区域就是图形界限。图形界限设置的调出方法有两种：

(1)命令行输入："Limits"；

(2)菜单栏："格式"→"图形界限"。

如果想绘制一个大小为 12 000mm×9 000mm 的空间，为了方便绘图，需要设置一个比这个空间大一些的图形界限。具体操作如图 1-23 所示。

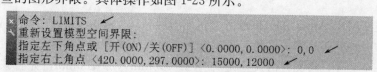

```
命令: LIMITS
重新设置模型空间界限:
指定左下角点或 [开(ON)/关(OFF)] <0.0000,0.0000>: 0,0
指定右上角点 <420.0000,297.0000>: 15000,12000
```

图 1-23 图形界限设置

设置完成后要配合缩放命令才能达到在界面上图形界限最大化的效果。调出缩放命令的方法有两种：

(1)命令行输入："Zoom"或"Z"→Enter 键→A→Enter 键；

(2)菜单栏："视图"→"缩放"→"全部"。

2. 图形单位

在 AutoCAD 中，大多采用 1∶1 的比例来绘图。所有的对象都可以按照实际尺寸来绘制，如图 1-24 所示。打开"图形单位"对话框可以用以下方式：

图 1-24 "图形单位"对话框

(1)命令行输入："Units"或"UN"；

(2)菜单栏："格式"→"单位"。

小 结

本模块主要介绍了 AutoCAD 2016 的基本概念和操作。通过学习本模块内容，用户可以全面地了解 AutoCAD 的发展、工作界面、坐标系和输入方法、常用的基本操作以及绘图环境的设置。

思考与练习

1. 什么是 CAD，AutoCAD 2016 可应用于哪些领域？

2. 尝试打开或关闭几个工具栏，通过命令行输入简单的命令。

3. 新建一个文件，将文件的尺寸定义为 42 000mm×29 700mm，并将该图的图形界限设置为 27 000mm×19 000mm，将单位设置为 mm，精度设置为 0。

4. 保存上题中的图并设置文件名称为"建筑平面图"。

模块二 AutoCAD 绘制平面图

《 **学习重点** 》

- 绘图命令。
- 修改命令。
- 创建文字、表格和标注。
- 建筑平面图的绘制步骤。

《 **学习目标** 》

了解绘图命令和修改命令的使用；熟悉文字、表格以及标注等命令的操作方法。

课题一 了解建筑平面图

1. 建筑平面图的概念

建筑平面图是建筑设计的基本图样之一，它是以平行于地面的切面在距地面 1.5m 左右（门窗洞口之间）的位置将建筑物切成两部分，其中下半部分在水平面上的正投影图。

建筑设计一般从建筑平面图开始入手，能清楚地表达建筑的结构和功能等内容。

2. 建筑平面图的图示内容

建筑平面图的图示内容包括：

(1)建筑物的尺寸；

(2)墙、柱、门、窗的位置和编号，房间的名称和编号、轴线编号等；

(3)电梯、楼梯的位置、主要尺寸，楼梯的上、下方向；

(4)阳台、斜坡、踏步、排水沟、雨篷等的主要尺寸和位置；

(5)标明室内装修的设计；

(6)各层的标高；

(7)标出剖面图的剖切符号和编号，一般只在底层平面图中标明；

(8)标出有关位置的节点详图的索引符号；

(9)指北针的绘制。

3. 建筑平面图的图示方法和制图标准

(1)建筑平面图的图示方法。

1)设置绘图环境(包括单位、图形界限、图层等)；

2)绘制轴线；

3)绘制墙线；

4）绘制门窗；

5）绘制阳台、楼梯、踏步等；

6）绘制室内用具（家具、卫浴等）；

7）尺寸和文字标注；

8）绘制图框；

9）完成建筑平面图的绘制。

（2）制图标准。在建筑平面图中一般采用 mm 为单位，而标高以 m 为单位。建筑平面图按照国际标准，通常采用 1∶50、1∶100、1∶200 的比例，实际工程中多采用 1∶100 的比例。

课题二　设置建筑平面图的图层

在 AutoCAD 2016 中，图层就如同一张没有厚度的透明图纸，把不同颜色和不同线型、线宽的对象绘制在不同的图层上，所有的图层重叠在一起，最终得到一幅完整的图形，如图 2-1 所示。图层是最重要的管理工具之一，每个图层都具备了开、关、冻结等功能，还能针对不同图层设置不同的颜色、线型、线宽以及打印样式等。

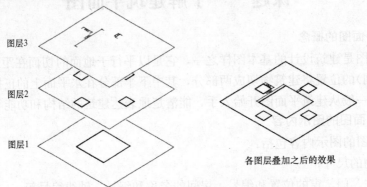

图层3

图层2

图层1

各图层叠加之后的效果

图 2-1　图层示意图

在建筑工程图样中，通过图层进行分类可以采用两种方法：一是按照建筑工程图中的各要素来进行分类，如轴线、墙体、柱子、门、窗等；二是按照图形的特征分类，如粗实线、细实线、虚线、点画线等。

注：同一个图形文件中，所有图层具有相同的图形界限、坐标和缩放比例。

1. 新建图层

调出"新建图层"命令的方法：

（1）命令行输入："LAYER"或"LA"；

（2）菜单栏："格式"→"图层"；

（3）单击"图层"工具栏中的""按钮，如图 2-2 所示。

图 2-2　图层工具栏

单击"图层特性管理器"对话框中的""按钮（图 2-3），将创建一个新图层，在默认状态下，新图层的状态、颜色、线型、线宽将和当前图层一致，双击该图层名称可对其进行修改。可以多次单击""按钮，用以创建足够多的图层。在一个图形中最多可创建 32 000 个图层。

> **注：** 如果需要创建多个图层，可以在该图层名的后面加一个逗号，这样就可以在不单击新建图层按钮的情况下新建图层，或者按两次 Enter 键也可以创建新图层。

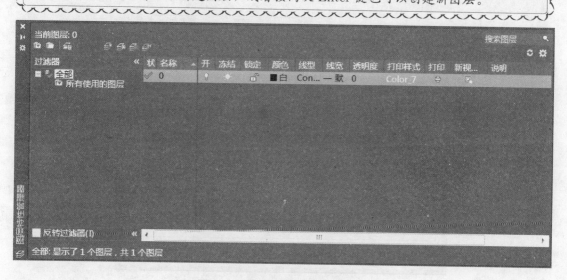

图 2-3　"图层特性管理器"对话框

2. 设置图层颜色、线型和线宽

绘制建筑工程图时，为了更加直观地看到建筑各部分，通常都会给不同的图层设置相应的颜色、线型和线宽。

（1）设置图层颜色。单击某图层对应的颜色图标，弹出"选择颜色"对话框，如图 2-4 所示。在该对话框中选择需要的颜色框后，单击"确定"按钮即完成操作。

（2）设置图层线型。线型是指线条的表现形式，如实线、虚线或其他线型等。设置图层线型可单击目标图层的线型图标，进入"选择线型"对话框，如图 2-5 所示。

AutoCAD 中默认的线型是"Continuous"，需要添加新的线型时，可以单击"加载"按钮，弹出"加载或重载线型"对话框（图 2-6），选择适当线型，如设置"CENTER"或"CENTER2"为轴线图层的线型。

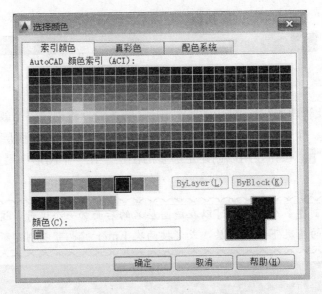

图 2-4 "选择颜色"对话框

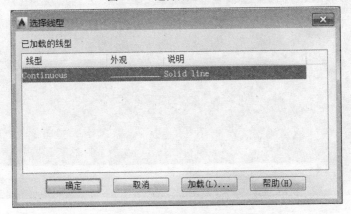

图 2-5 "选择线型"对话框

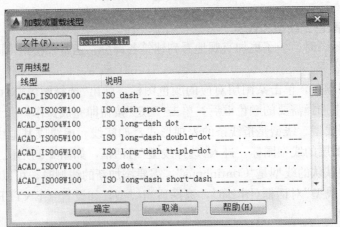

图 2-6 "加载或重载线型"对话框

　　加载好线型后，即返回"选择线型"对话框，选择刚加载的线型就完成了该图层的线型设置，如图 2-7 所示。

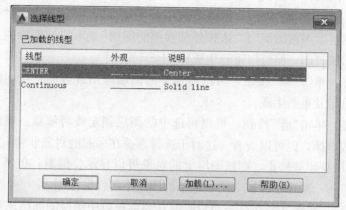

图 2-7　在"选择线型"对话框中选择刚加载的线型

　　(3)设置图层线宽。线宽是指改变线条的宽度，从而提高图形的表现能力。"线宽"对话框如图 2-8 所示。例如，轴线用 0.18mm，墙体用 0.5mm，这样就会使墙体在图形中显得比较突出。图层线宽的默认值为 0.25mm。只有单击状态栏下的"显示/隐藏线宽"图标"➕"才能显示或隐藏实际的线宽。

3. 图层的显示控制

　　用户可通过"图层特性管理器"对话框中图层的开/关、冻结、锁定等状态来控制图层的显示，如图 2-9 所示。

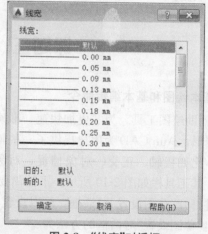

图 2-8　"线宽"对话框

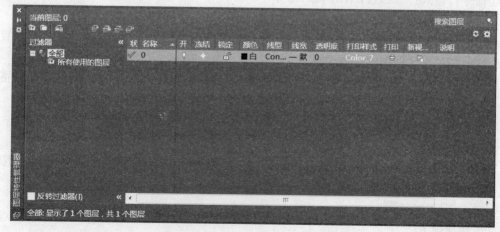

图 2-9　"图层特性管理器"对话框

"图层特性管理器"对话框中的选项说明：

(1)打开/关闭图层：单击"🔅"按钮，可以控制图层的可见性。

(2)删除图层：单击"✖"按钮，可以将选中的图层删除。但"图层 0""DEFPOINTS 图层""包含对象的图层""当前图层"和"依赖外部参照的图层"是不能被删除的。被关闭图层上的对象不能被显示或打印，但可以重新生成。

(3)冻结/解冻：单击"☼"按钮，可以将选中的图层冻结或解冻。被冻结的图层上的对象不能被显示、打印及重新生成。

(4)锁定/解锁：单击"🔓"按钮，可以将选中的图层锁定或者解锁。被锁定的图层上的对象不能被编辑或选择，但可以查看。这对于选择重叠在一起的对象非常有用。

(5)打印：图层打印被禁止，则该图层上的对象可以显示、编辑，但不能被打印。打印只对可见的图层有用，对于已经被关闭和冻结的图层不起任何作用。

(6)冻结新视口：单击"🔲"按钮，可以控制在当前视口中图层的冻结或解冻。

(7)透明度：设置该项后，使图层上的对象变成透明的效果。可以在 0～90 之间选择相应的透明数值。

课题三　绘制轴线

1. 基本绘图和基本编辑命令

(1)辅助绘图工具。为了更加快速、准确地绘制图形，AutoCAD 为用户提供了一些辅助工具，比如极轴、正交、对象捕捉、对象

图 2-10　辅助绘图工具栏

追踪等，其工具栏如图 2-10 所示。下面简要介绍这些工具的操作方法。

通过打开"草图设置"对话框，可以设置各种辅助绘图工具的参数，如图 2-11 所示。

调出"草图设置"对话框的方法为：

①命令行输入："DSETINGS"或"DS"；

②菜单栏："工具"→"绘图设置"；

③将光标移到任意辅助绘图工具上右击，然后在弹出的快捷菜单中选择相关工具设置。

"草图设置"对话框中的选项说明：

1)捕捉和栅格："捕捉"是生成一个隐含的栅格(专门捕捉栅格点)，光标只能落在栅格的节点上，这样用户使用鼠标在绘图区域就能得到精确的栅格点。调出该命令的方法为：

①单击捕捉按钮"▦"；

②按快捷键 F9。

"栅格"类似手工绘图的坐标纸，打开时会由有规则的点组成矩形显示到整个图形界限的区域。调出该命令的方法为：

①单击栅格按钮"▦"；

②按快捷键 F7。

2)正交和极轴："正交模式"是在命令的执行过程中，光标只能沿 X 轴或 Y 轴移动(当打

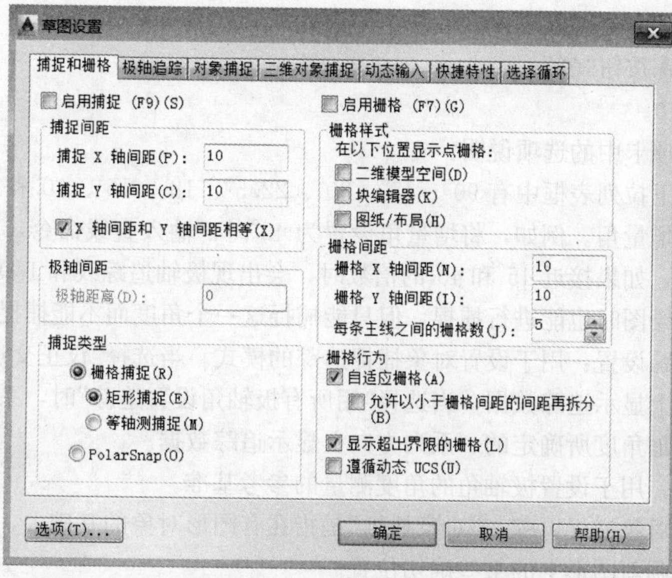

图 2-11　"草图设置"对话框

开正交模式时只能绘制水平和垂直的直线）。绘制定位轴线时常需要打开正交模式。当捕捉模式为等轴测状态时，它还迫使直线平行于 3 个等轴测中的一个。调出该命令的方法为：

①单击正交按钮"⌐"；

②按快捷键 F8。

"极轴追踪"主要通过距离和角度来追踪某个特定点。当它追踪某个角度时可以捕捉与之相关的角度。具体选项可以在"草图设置"对话框中的"极轴追踪"选项卡中设置，如图 2-12 所示。

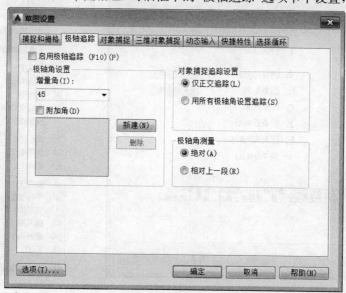

图 2-12　"极轴追踪"选项卡

调出"极轴追踪"命令的方法：

①单击极轴追踪按钮"⟨⟩"；

②按快捷键 F10。

"极轴追踪"选项卡中的选项说明：

①增量角：在下拉列表框中有 90°、45°、30°、22.5°、18°、15°、10°和 5°的增量，也可以直接输入想要的增量角。例如，将增量角设置为 45°时，输入直线命令，在任意位置点击一点，移动光标时，如果接近 45°和 45°的倍数时，会出现极轴追踪线和工具栏提示。

②附加角：在绘图时也能进行捕捉，但只能捕捉这一个角度而不能捕捉它的倍数。

③对象捕捉追踪设置：用于设置对象捕捉追踪的模式。当选择"仅正交追踪"时，系统仅在水平和垂直方向上显示追踪数据；当选择"用所有极轴角设置追踪"时，系统可以在设置的极轴追踪角度和附加角度所确定的一系列方向上显示追踪数据。

④极轴角测量：用于设置极轴角的角度测量的参考基准。

3）对象捕捉和对象捕捉追踪："对象捕捉"是指在有图形对象的基础上，通过这些对象上特殊的点迅速捕捉到新图形上的某些确切位置。

AutoCAD 2016 为用户提供了 13 种对象捕捉模式，如图 2-13 所示。调出该命令的方法为：

①单击对象捕捉按钮"□"；

②按快捷键 F3。

临时捕捉：当进入某个命令之后为了捕捉某个特定点，可以结合 Ctrl 键或 Shift 键加上右击能调出临时捕捉功能，如图 2-14 所示。这种捕捉功能每次激活只能捕捉一次，如果需要重复使用必须多次激活该功能。

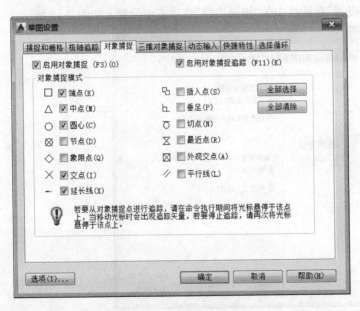

图 2-13 "对象捕捉"选项卡

图 2-14 "临时捕捉"下拉菜单

　　"对象捕捉追踪"是指以对象上的某些特征点作为追踪点，引出两端无限延伸的对象追踪虚线，如图 2-15 所示。对象捕捉追踪必须在打开对象捕捉的前提下才能使用。调出该命令的方法为：

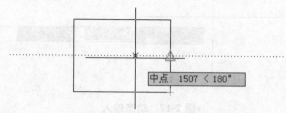

图 2-15　对象捕捉追踪

　　①单击对象追踪按钮"∠"；
　　②按快捷键 F11。
　　4)动态输入："动态输入"是指在光标附近提供了一组命令小窗口，可以直接动态地输入绘制对象的各种参数，使绘图变得直观简捷，如图 2-16 和图 2-17 所示。调出"动态输入"命令的方法为：
　　①单击动态输入按钮"■"；
　　②按快捷键 F12。
　　在命令小窗口中输入数值并按 Tab 键后，该小窗口将显示一个锁定图标，并且光标会受用户输入的数值约束。随后可以在下一个小窗口里输入数值。

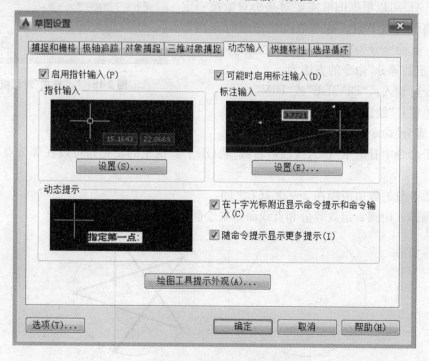

图 2-16　"动态输入"对话框

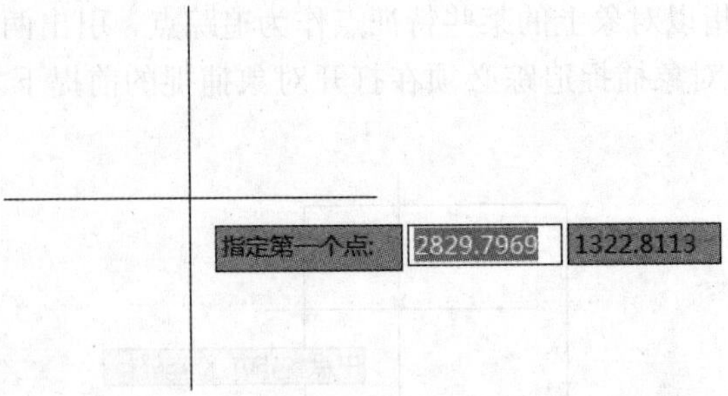

指定第一个点: 2829.7969   1322.8113

图 2-17　动态输入

（2）点。调出"点"命令的方法为：

①命令行输入："POINT"或"P"；

②菜单栏："绘图"→"点"；

③单击"绘图"工具栏中的" "按钮。

在图形中的对象点一般作为一种特殊的标记或符号，用于绘图中对象捕捉的参考点。用户在将其作为参考点之前首先要设置点样式，如图 2-18 所示。调出"点样式"对话框的方法为：

①命令行输入："DDPTYPE"；

②菜单栏："格式"→"点样式"。

AutoCAD 可以根据图形需要对某个对象按一定数量或距离等分成节点。这些节点是作图时充当参考点用的。其命令分为"定数等分"和"定距等分"。

调出"定数等分"命令的方法为：

①命令行输入："DIVIDE"或"DIV"；

②菜单栏："绘图"→"点"→"定数等分"。

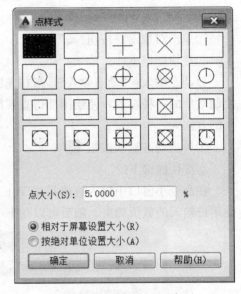

图 2-18　"点样式"对话框

"定数等分"命令的选项说明：

①在子命令中有提示"输入线段数目或[块(B)]"，这里的块是指可以在等分点处插入指定的块。

②定数等分的数值范围在 2～32 767 之间。

上机操作：用圆、定数等分和直线命令来绘制图 2-19。

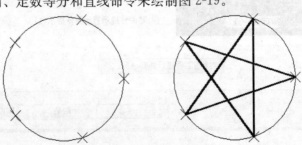

图 2-19　定数等分样例

　　操作步骤：将一个圆分成 5 份，然后将这 5 个节点连接就可以绘制出一个五角星，具体操作见图 2-20。

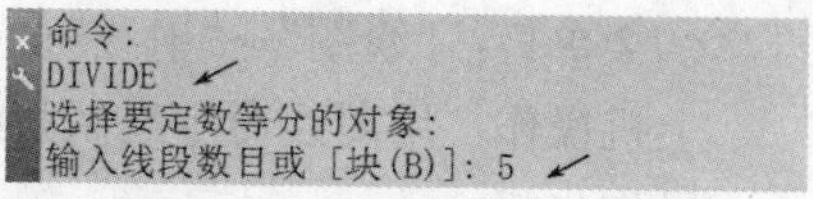

图 2-20　定数等分操作步骤

　　调出"定距等分"命令的方法为：

①命令行输入："MEASURE"或"ME"；

②菜单栏："格式"→"点"→"定距等分"。

"定距等分"命令的选项说明：

①选择对象时，注意方向，在左边点的对象就会从左边开始定距等分。

②最后一个等分段的长度不一定等于指定分段的长度。

上机操作：用直线和定距等分命令来绘制图 2-21。

图 2-21　定距等分样例

　　操作步骤：将一条长为 1 000 的直线，按每段 200 等分，根据点选对象时位置的不同得到左边和右边两种结果，具体操作见图 2-22。

```
命令: L LINE
指定第一个点:
指定下一点或 [放弃(U)]: 1000
指定下一点或 [放弃(U)]:
命令: ME
MEASURE
选择要定距等分的对象:
指定线段长度或 [块(B)]: 200
```

图 2-22　定距等分操作步骤

（3）直线（直线段）。调出"直线"命令的方法为：

①命令行输入："LINE"或"L"；

②菜单栏："绘图"→"直线"；

③单击"绘图"工具栏中的"✏"按钮。

上机操作：用直线命令等绘制图 2-23。

操作步骤：

命令：Line↙；

指定第一点：0，100↙（从点 A 开始着手）；

指定下一点或[放弃(U)]：@100，0↙（点 B）；

指定下一点或[放弃(U)]：@150＜－30↙（点 C）；

指定下一点或[闭合(C)/放弃(U)]：@0，250↙（点 D）；

指定下一点或[闭合(C)/放弃(U)]：@150＜210↙（点 E）；

指定下一点或[闭合(C)/放弃(U)]：@－100，0↙（点 F）；

指定下一点或[闭合(C)/放弃(U)]：C↙。

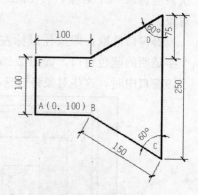

图 2-23　直线图例

（4）射线。调出"射线"命令的方法为：

①命令行输入："RAY"；

②菜单栏："绘图"→"射线"。

上机操作：用射线命令绘制射线。

操作步骤：

命令：Ray↙；

指定起点：（任意点）；

指定通过点：（任意位置单击可得到一条射线）；

指定通过点：（如果需要结束可右击或按 Enter 键，需要撤销可按 Esc 键）。

(5)构造线。调出"构造线"命令的方法为：

①命令行输入："XLINE"或"XL"；

②菜单栏："绘图"→"构造线"；

③单击"绘图"工具栏中的"／"按钮。

"构造线"绘制说明：

①除通过两点绘制构造线外，还有五种方法可以绘制，分别是：水平(H)、垂直(V)、角度(A)、二等分(B)、偏移(O)。

②构造线在大多数情况下是用来画辅助线或定位轴线的，一般用长点画线或虚线来表示它的线型。在打印时可不作输出。

(6)选择对象。AutoCAD 2016 提供了两种编辑图形的方法：一种是先执行命令，再选择要编辑的对象；另一种是先选择要编辑的对象，然后再输入命令。这两种方法最终的效果是相同的，但都需要选择对象。AutoCAD 2016 为用户提供了多种选择对象的方式。

1)点选：即通过单击图形要素来拾取对象。在 Auto-CAD 中通常以虚线亮显所选择的对象，如图 2-24 所示。每次只能选取一个对象，按 Shift 键可以取消某个已选取的对象。

图 2-24 点选图例

2)窗口选取：即按住鼠标左键从左侧向右侧拖曳出一个半透明的蓝色窗口，如图 2-25 所示。当所选对象全部处于该窗口中时，这些对象将被选取，通常以虚线亮显所选择的对象，如图 2-26 所示。

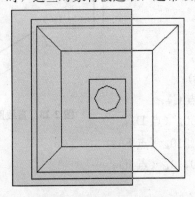

图 2-25 "窗口选取"时状态

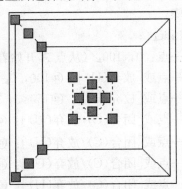

图 2-26 "窗口选取"后状态

为了提高窗口选取时选框内外的区分度，AutoCAD 软件可设置内部临时填充具有较高透明度的颜色。其具体操作为："工具"→"选项"，在"选项"对话框的"选择集"选项卡中单击"视觉效果设置"按钮打开"视觉效果设置"对话框，如图 2-27 所示。

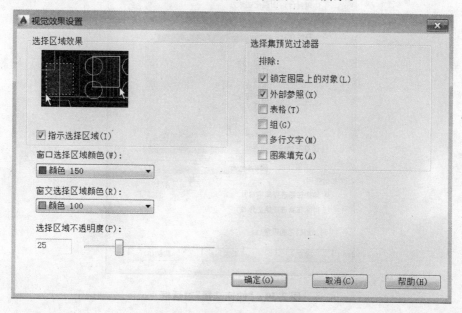

图 2-27 "视觉效果设置"对话框

3)交叉窗口选取：与窗口选取方式类似，两者的区别在于"交叉窗口选取"选择对象时是从对象的右侧向左侧拖曳出一个半透明的绿色窗口，凡是被这个窗口碰到的对象都会被选中，如图 2-28、图 2-29 所示。

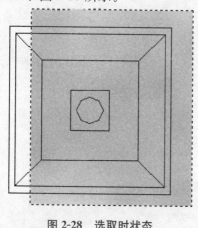

图 2-28 选取时状态

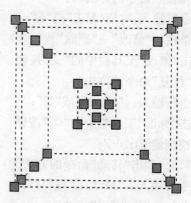

图 2-29 选取后状态

4)全选：即一次性将界面上的对象选中(除被冻结的图层)。调出该命令的方法是：
①菜单栏："编辑"→"全部选择"；
②按快捷键 Ctrl+A。
5)快速选择：在 AutoCAD 中，当需要选择具有某些共同特性的对象(如选择具有相同颜色、

线型、线宽的对象)时，可使用"快速选择"对话框，如图 2-30 所示。调出该对话框的方法为：

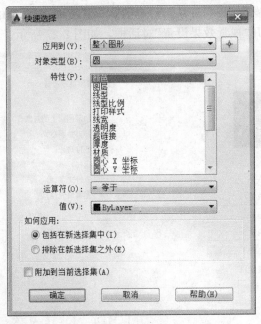

图 2-30 "快速选择"对话框

①命令行输入："QSELECT"；

②菜单栏："工具"→"快速选择"；

③在绘图页面上右击，在弹出的快捷菜单中选择"快速选择"命令。

(7)删除和恢复。

调出"删除"命令的方法为：

①命令行输入："ERASE"或"E"；

②菜单栏："修改"→"删除"；

③单击"修改"工具栏中的"✎"按钮。

调出"恢复"命令的方法为：

①命令行输入："OOPS"或"U"；

②单击"标准"工具栏中的"↶"按钮；

③按快捷键 Ctrl+Z。

(8)移动。调出"移动"命令的方法为：

①命令行输入："MOVE"或"M"；

②菜单栏："修改"→"移动"；

③单击"修改"工具栏中的"✛"按钮。

上机操作：用"移动"命令绘制"门"(图 2-31)。

操作步骤：

输入命令：M↵；

选择对象：将整个对象选中↵；

指定基点或位移(D)(位移是指坐标原点,一般会选择指定基点):选择左下角端点为基点↙;

指定基点或位移(D):指定第二个点或〈使用第一个点作为位移〉:(鼠标向右沿着水平方向拖曳出虚线后)输入1 200的距离↙。

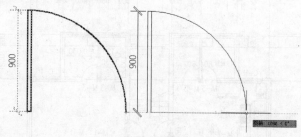

图 2-31　移动对象图例

(9)偏移。调出"偏移"命令的方法为:

①命令行输入:"OFFSET"或"O";

②菜单栏:"修改"→"偏移";

③单击"修改"工具栏中的"⌒"按钮。

"偏移"命令的选项说明:

①指定偏移距离:输入一个数值,按照这个数值平行复制对象。

②通过:指定对象偏移到特定的点的位置。

③删除:偏移后,确定是否将源对象(选择的那个对象)删除。

④图层:确定将偏移后的对象是放在当前图层上还是放在源对象所在的图层上。

上机操作:用矩形和偏移命令绘制"吸顶灯"(图 2-32)。

操作步骤:

输入命令:REC↙;

指定第一个角点或[倒角(C)/标高(E)/圆角(F)/厚度(T)/宽度(W)]:0,0↙;

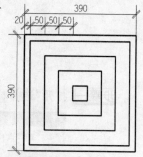

图 2-32　偏移对象图例

指定另一个角点或[面积(A)/尺寸(D)/旋转(R)]:@390,390↙;

输入命令:O↙;

指定偏移距离或[通过(T)/删除(E)/图层(L)]:20↙;

选择要偏移的对象或[退出(E)/放弃(U)]〈放弃〉:选择这个矩形↙;

指定要偏移的那一侧上的点,或[退出(E)/多个(M)/放弃(U)]〈退出〉:在矩形中单击;

输入命令:O↙;

指定偏移距离或[通过(T)/删除(E)/图层(L)]:50↙;

选择要偏移的对象或[退出(E)/放弃(U)]〈放弃〉:选择里面矩形↙;

指定要偏移的那一侧上的点,或[退出(E)/多个(M)/放弃(U)]〈退出〉:在矩形中单击。

重复以上操作两次,完成该图。

2. 绘制相互垂直的轴线

以某个商业住宅楼的底层建筑平面图为主线,讲述相关命令,如图 2-33 所示。

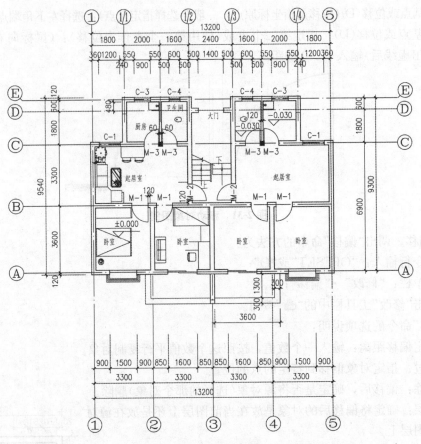

图 2-33 建筑平面图

步骤一 打开"选择样板"对话框，选择名为"acadiso"的图形样板文件，如图 2-34 所示。

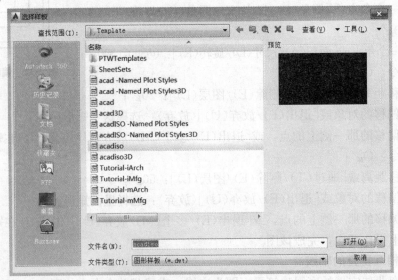

图 2-34 "选择样板"对话框

在格式菜单里，打开"图形单位"对话框，设置数据如图 2-35 所示。

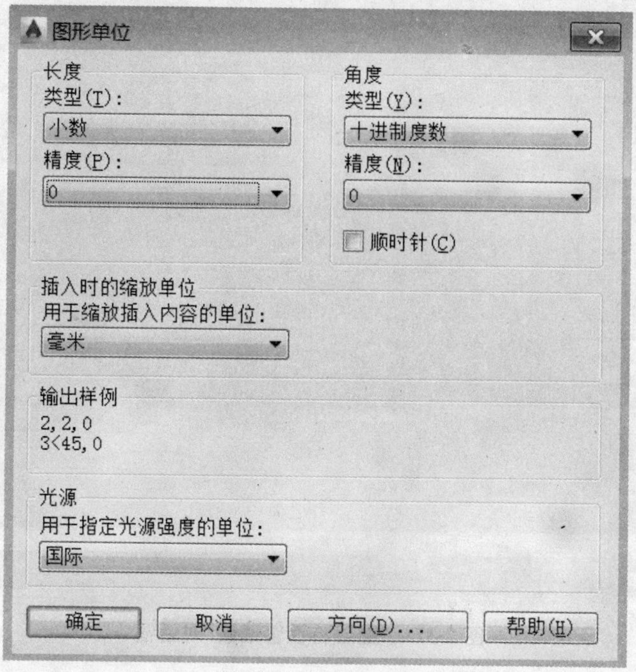

图 2-35　"图形单位"对话框

步骤二 设置图形界限，如图 2-36 所示。

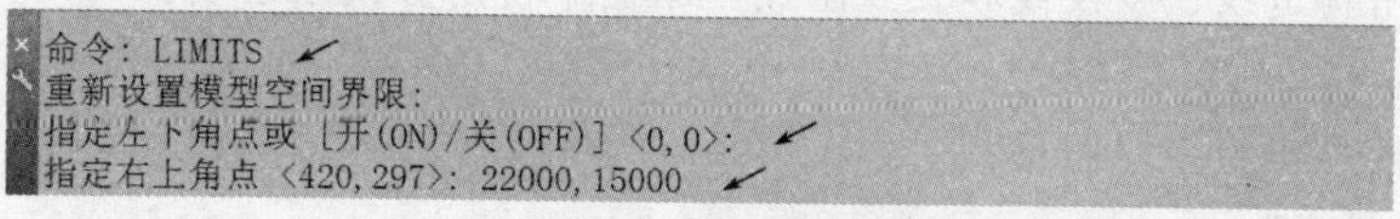

命令：LIMITS
重新设置模型空间界限：
指定左下角点或 [开(ON)/关(OFF)] <0,0>：
指定右上角点 <420,297>：22000,15000

图 2-36　图形界限的设置

操作步骤：

输入命令：Z↵；

指定窗口的角点，输入比例因子(nX 或 nXP)，或者[全部(A)/中心(C)/动态(D)/范围(E)/上一个(P)/比例(S)/窗口(W)/对象(O)]<实时>：A↵。

步骤三 根据图形需要创建图层。

操作步骤：

输入命令：LA↵(弹出"图层特性管理器"对话框如图 2-37 所示)；在图层当中针对不同的图层设置相应的名称、线型、线宽及颜色。

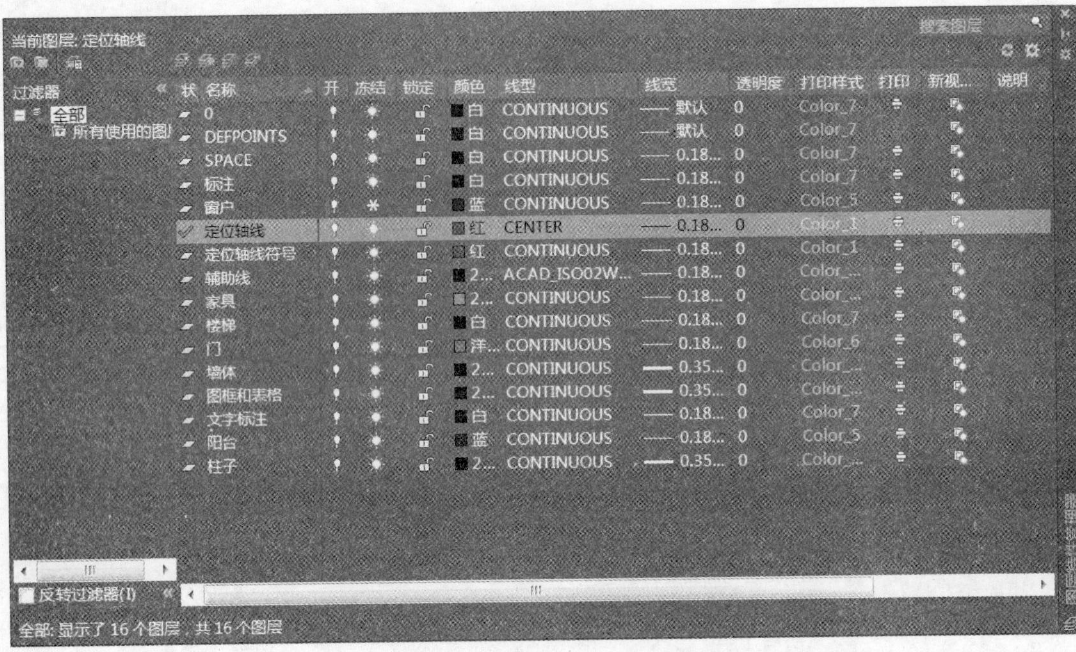

图 2-37　"图层特性管理器"对话框

步骤四 生成轴线网。轴线又称定位轴线，是建筑平面图各部分构件和标注的依据。凡是承重墙、承重柱都应该绘制轴线来确定位置。因此，绘制建筑平面图首先需要设置轴线网。轴线可以用构造线、多段线和直线生成，本例中使用直线来绘制。

操作步骤：

将"轴线"图层作为当前图层；

打开"正交模式"；

输入命令：L↙；

在屏幕上绘制一条水平方向长度为 17 000 的直线和一条垂直方向长度为 13 000 的直线。

单击修改工具栏中的"偏移"命令按钮，根据底下的标注从左向右依次偏移：3 300、3 300、3 300、3 300；再根据顶上的标注从右向左依次偏移：1 800、2 000、1 600、2 400、1 600、2 000、1 800。这样就得到了竖直方向的轴线。根据左侧标注从下向上依次偏移：3 600、3 300、1 800、600，得到水平方向的轴线。它们和竖直方向的轴线一起构成本图的轴线网，如图 2-38 所示。

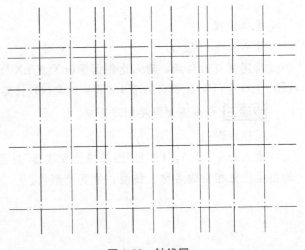

图 2-38　轴线网

课题四　绘制墙线

1. 基本绘图和基本编辑命令

(1)多线。调出"多线"命令的方法为：

①命令行输入："MLINE"或"ML"；

②菜单栏："绘图"→"多线"。

"多线"命令的选项说明：

①对正：用于给定对齐参考线的基准。对正共有"上""无""下"3种类型，其中"无"是指多线的中间线与参考线对齐。

②比例：用来设置多线的间距。

③样式：设置当前使用的多线样式。

> **注：** 当样式为"STANDARD"时，比例可以视为多线的间距。当样式为其他任意样式时，多线的间距等于比例乘以该样式中图元数之和。

定义多线样式，如图2-39、图2-40所示。调出"多线样式"对话框的方法为：

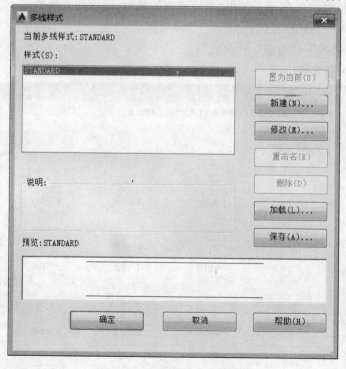

图2-39　"多线样式"对话框

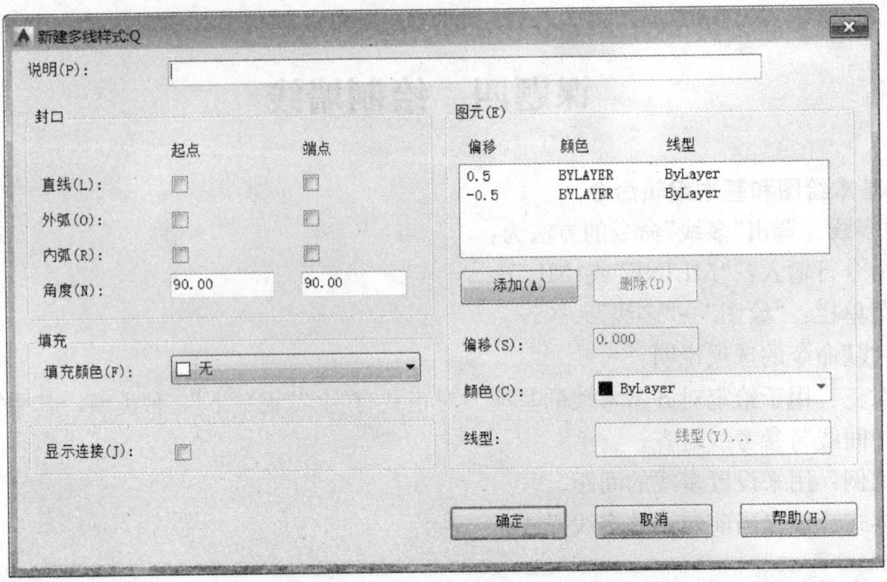

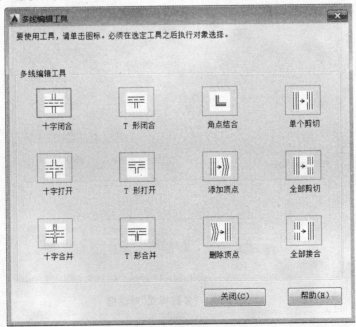

图 2-40 "新建多线样式"对话框

①命令行输入："MLSTYLE"；

②菜单栏："格式"→"多线样式"。

多线编辑，如图 2-41 所示。调出"多线编辑工具"对话框的方法为：

①命令行输入："MLEDIT"；

②菜单栏："修改"→"对象"→"多线"；

③双击任何一条多线。

图 2-41 "多线编辑工具"对话框

上机操作：利用直线和多线等命令完成"墙体制作"，如图 2-42 所示。

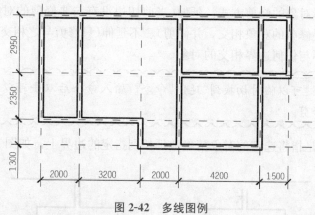

图 2-42 多线图例

（2）圆环。调出"圆环"命令的方法：

①命令行输入："DONUT"或"DO"；

②菜单栏："绘图"→"圆环"。

"圆环"命令的选项说明：

①内径和外径中的"径"指的是直径。

②当内径为 0 时，画出的是实心填充圆。

③用"FILL"命令可以设置圆环是否填充，如图 2-43 所示。

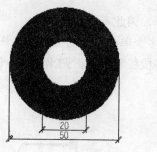

图 2-43 圆环图解

（3）修剪。"修剪"是修改命令中最常用的命令之一，是允许用户用一个对象的边界来修剪另一个对象的命令。如图 2-44 中的 1、2、3、4 对象都是可被修剪的。调出"修剪"命令的方法为：

①命令行输入："TRIM"或"TR"；

②菜单栏："修改"→"修剪"；

③单击"修改"工具栏中的"⌐"按钮。

"修剪"命令的选项说明：

①栏选：以栏选的方式对需要修剪的交叉对象进行处理。

②窗交：用鼠标拖曳出一个窗口，凡被窗口碰到的交叉对象均可修剪。

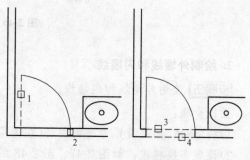

图 2-44 修剪图解

③投影：指定修剪对象时使用的操作空间。

④边：可以选择对象的修剪方式：延伸（当剪切边没有与要修剪的对象相交时，系统会延伸剪切边直至与要修剪的对象相交，并修剪）、不延伸（只修剪与之相交的对象）。

⑤删除：删除不与任何边界相交的对象。

> **注**：按住 Shift 键可以临时切换到"延伸"命令。输入命令后双击可以对当前文件中所有交叉对象进行修剪。

（4）延伸。延伸是指将选定的对象精确地延长到指定的边界上，如图 2-45 所示。调出该命令的方法为：

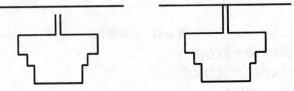

图 2-45 延伸图解

①命令行输入："EXTEND"或"EX"；

②菜单栏："修改"→"延伸"；

③单击"修改"工具栏中的"-/"按钮。

"延伸"命令中的选项和"修剪"命令一样，因此不再赘述。

（5）分解。分解是指将组合对象拆开成多个单个对象的命令，如图 2-46 所示。这些组合对象包括矩形、正多边形、云线、多线、多段线和块等。调出该命令的方法为：

①命令行输入："EXPLODE"或"X"；

②菜单栏："修改"→"分解"；

③单击"修改"工具栏中的"命"按钮。

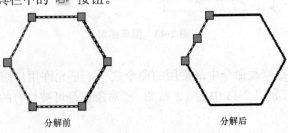

分解前   分解后

图 2-46 分解图解

2. 绘制外墙线和内墙线

步骤五 绘制外墙线和内墙线。

操作步骤：

1)将"墙体"图层设置为当前图层（在图层工具栏中直接选择"墙体"图层即可）。

2)设置多线样式，如图 2-47、图 2-48 所示。

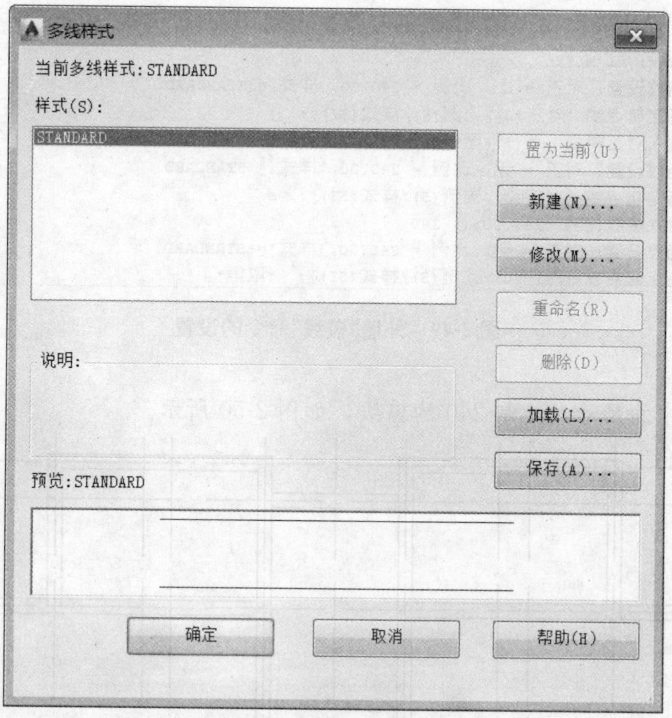

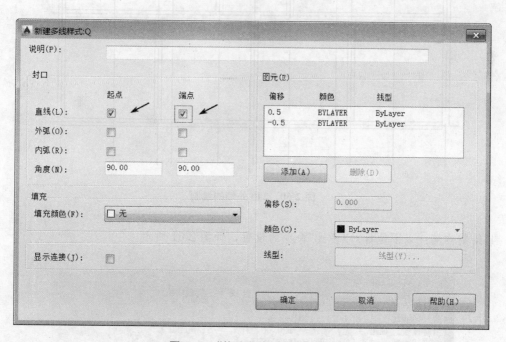

图 2-47　"多线样式"对话框

图 2-48　"修改多线样式"对话框

3)绘制外墙：以下是针对"多线"命令的设置，如图 2-49 所示。

```
命令: ml MLINE
当前设置: 对正 = 上, 比例 = 240.00, 样式 = STANDARD
指定起点或 [对正(J)/比例(S)/样式(ST)]: j
输入对正类型 [上(T)/无(Z)/下(B)] <上>: z
当前设置: 对正 = 无, 比例 = 240.00, 样式 = STANDARD
指定起点或 [对正(J)/比例(S)/样式(ST)]: s
输入多线比例 <240.00>: 240
当前设置: 对正 = 无, 比例 = 240.00, 样式 = STANDARD
指定起点或 [对正(J)/比例(S)/样式(ST)]: *取消*
```

图 2-49 外墙"多线"命令的设置

根据图 2-33 中的尺寸，绘制 240 的墙线，如图 2-50 所示。

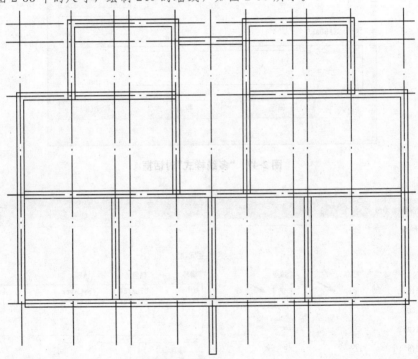

图 2-50 240 外墙的绘制

4)绘制内墙：以下是针对"多线"命令的设置，如图 2-51 所示。

```
命令: ML MLINE
当前设置: 对正 = 无, 比例 = 240.00, 样式 = STANDARD
指定起点或 [对正(J)/比例(S)/样式(ST)]: s
输入多线比例 <240.00>: 120
当前设置: 对正 = 无, 比例 = 120.00, 样式 = STANDARD
指定起点或 [对正(J)/比例(S)/样式(ST)]:
```

图 2-51 内墙"多线"命令的设置

根据图 2-33 中的尺寸，绘制 120 的墙线，如图 2-52 所示。

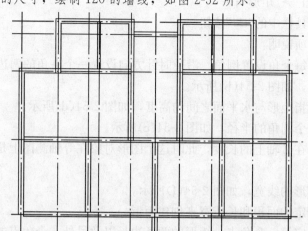

图 2-52　120 内墙的绘制

5)编辑墙体：在任意墙体上双击，弹出"多线编辑工具"对话框。针对图形进行相应处理，得到如图 2-53 所示的结果。

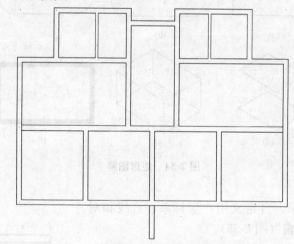

图 2-53　修改后图形

课题五　绘制门窗

1.基本绘图和基本编辑命令

(1)矩形。调出"矩形"命令的方法为：

①命令行输入："RECTANG"或"REC"；

②菜单栏："绘图"→"矩形"；

③单击"绘图"工具栏中的"▭"按钮。

"矩形"命令的选项说明：

①倒角：同时给每个角设置倒角。沿逆时针方向设置一个夹角的两边倒角距离，倒角的两个距离可以不相同，如图 2-54(b)所示。

②标高：标高是指矩形与水平面之间的高度，如图 2-54(d)所示。

③圆角：设置四个圆角的半径，如图 2-54(c)所示。

④厚度：指矩形在 Z 轴上的长度，此时这个图形对象在等轴测图上是一个长方体，如图 2-54(e)所示。

⑤宽度：指定矩形的线宽，如图 2-54(f)所示。

⑥面积：通过指定的面积和长或宽来创建矩形。

⑦尺寸：通过指定第一个角点、矩形的两条边长以及另外一个角点的方向确定矩形。

⑧旋转：当生成矩形时，对矩形长边的默认角度为极坐标系中的 0°方向旋转所绘制出的矩形。

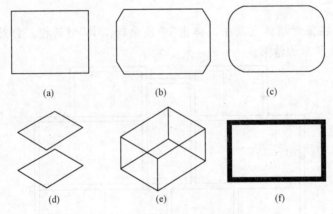

图 2-54　矩形图解

上机操作：用矩形、自定义用户坐标系、直线和对象捕捉等命令来绘制"窗"（图 2-55）。

（2）正多边形。正多边形是常用的闭合等边图形，AutoCAD 可以绘制 3~1 024 条边的正多边形。

调出"正多边形"命令的方法为：

①命令行输入："POLYGON"或"POL"；

②菜单栏："绘图"→"正多边形"；

③单击"绘图"工具栏中的"⬠"按钮。

"正多边形"命令的选项说明：

①边：通过设置某一条边长和该边绘制的方向确定一个正多边形，如图 2-56(a)所示。

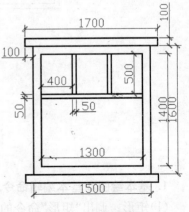

图 2-55　矩形图例

②内接于圆：指以正多边形中的一个角的角点与中心点之间的距离作为半径，绘制一个正多边形，如图2-56(b)所示。

③外切于圆：指以正多边形某一条边的中点与中心点之间的距离作为半径，绘制一个正多边形，如图2-56(c)所示。

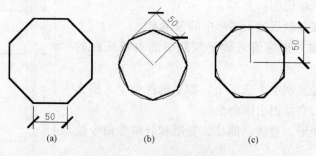

图2-56 正多边形图解

上机操作：用矩形、直线、旋转和正多边形等命令绘制图2-57。

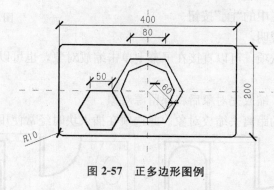

图2-57 正多边形图例

(3)复制。复制是指将一个或多个对象重复生成的命令。"复制"命令在建筑图的绘制中经常使用。例如，如图2-58所示，将图中1、2、3、4选中并复制。

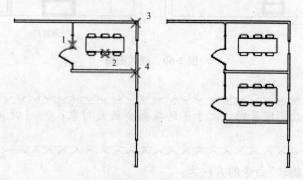

图2-58 复制图解

调出"复制"命令的方法：

①命令行输入："COPY"或"CO"；

②菜单栏："修改"→"复制"；

③单击"修改"工具栏中的"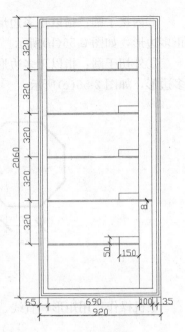"按钮。

"复制"命令的选项说明：

①基点：指对象复制后插入图形中的参考点。

②位移：通过输入坐标值来确定复制后的对象所在的位置。

③模式：选择是复制单个或多个。如果选择单个，那么对象复制完一次之后自动退出该命令。

上机操作：用矩形、直线、偏移、复制和分解等命令绘制"门的立面图"（图 2-59）。

（4）缩放。调出"缩放"命令的方法为：

①命令行输入："SCALE"或"SC"；

②菜单栏："修改"→"缩放"；

③单击"修改"工具栏中的"□"按钮。

图 2-59　复制图例

"缩放"命令的选项说明：

①比例因子：为默认项，可以直接在屏幕上单击缩放对象，也可以输入缩放比例来处理对象。

②复制：选择此项，缩放完对象后将保留源对象。

③参照：按照参考的距离去缩放对象。此选项在插入块时经常使用，如图 2-60 所示。

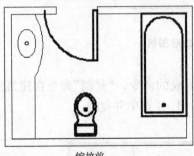
缩放前

缩放后

图 2-60　缩放图解

注：用数据输入比例因子时，大于 1 的数据会放大对象；0～1 之间的小数则会缩小对象。

（5）旋转。调出"旋转"命令的方法为：

①命令行输入："ROTATE"或"RO"；

②菜单栏："修改"→"旋转"；

③单击"修改"工具栏中的"⟳"按钮。

"旋转"命令的选项说明：

①指定旋转角度：以基点为圆心旋转，当角度为正数时，对象沿逆时针方向旋转；角度为负值时，对象沿顺时针方向旋转。

②复制：旋转后仍然保留源对象。

③参照：用已存在的有角度的对象作为参照，去旋转目标对象。

上机操作：用矩形、移动和旋转等命令绘制"桌椅平面图"(图2-61)。

(6)打断。打断是在两个指定点之间创建间隔，从而将一个对象分成两个对象的命令，如图2-62所示。

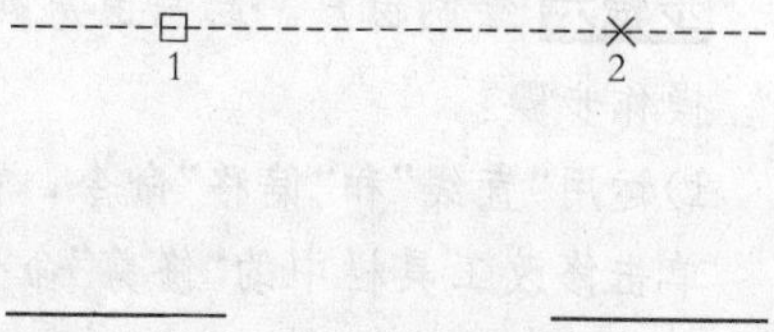

调出"打断"命令的方法为：

①命令行输入："BREAK"或"BR"；

②菜单栏："修改"→"打断"；

③单击"修改"工具栏中的"⊏⊐"按钮。

"打断"命令的选项说明："第一点"指重新定义的第一个断点的位置。

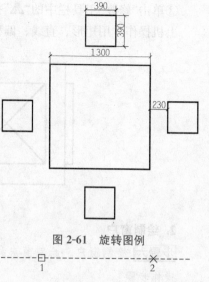

图2-61　旋转图例

图2-62　打断图解

(7)合并。合并是将相似对象合并成一个完整的对象。如果是直线，则必须是在相同的水平面上，如图2-63(a)所示；如果是圆弧，则必须是同圆心、同半径的几个圆弧，而且选择的顺序不一样，结果也会不同，如图2-63(b)所示；如果是样条曲线，则必须是一条样条曲线被打断成多条之后需要重新合并，这样的样条曲线才可以合并成功，如图2-63(c)所示。

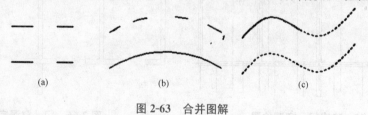

(a)　　　　　　　(b)　　　　　　　(c)

图2-63　合并图解

调出"合并"命令的方法为：

①命令行输入："JOIN"或"J"；

②菜单栏："修改"→"合并"；

③单击"修改"工具栏中的"➜➜"按钮。

(8)镜像。镜像是以一个镜像轴为中轴线产生的对称图形。镜像完成后可以保留或删除源对象。

调出"镜像"命令的方法：

①命令行输入："MIRROR"或"MI"；

②菜单栏："修改"→"镜像"；

③单击"修改"工具栏中的" ⼈ "按钮。

上机操作：用矩形、直线、偏移和镜像等命令完成"电话亭平面图"（图 2-64）。

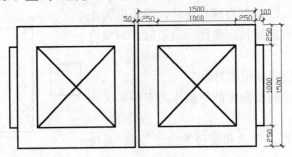

图 2-64   镜像图例

2. 绘制窗户

步骤六 绘制窗户。绘制窗户和门之前先要将窗洞和门洞打开。

操作步骤：

1）运用"直线"和"偏移"命令，根据图中尺寸将门、窗洞的边界隔开，如图 2-65 所示。

单击修改工具栏中的"修剪"命令将门、窗洞打开，如图 2-66 所示。

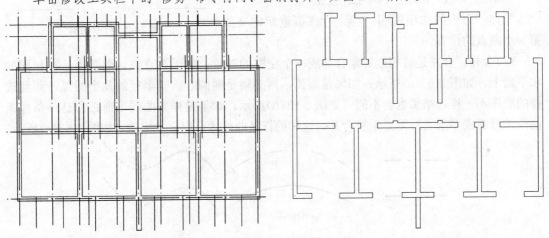

图 2-65   确定门、窗洞位置   图 2-66   门、窗洞完成图

2）执行"格式"→"多线样式"命令；创建以"窗户"命名的多线样式，并对它进行相应设置，如图 2-67、图 2-68 所示。

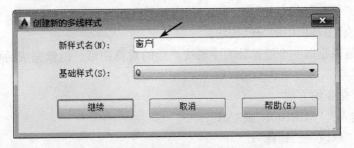

图 2-67   "创建新的多线样式"对话框

新建多线样式:窗户
说明(P):
封口
起点
端点
直线(L):
外弧(O):
内弧(R):
角度(N):
90.00
90.00
填充
填充颜色(F):
无
显示连接(J):
图元(E)
偏移
颜色
线型
0.5 BYLAYER ByLayer
0.16 BYLAYER ByLayer
-0.16 BYLAYER ByLayer
-0.5 BYLAYER ByLayer
添加(A)
删除(D)
偏移(S):
-0.160
颜色(C):
ByLayer
线型:
线型(Y)...
确定
取消
帮助(H)

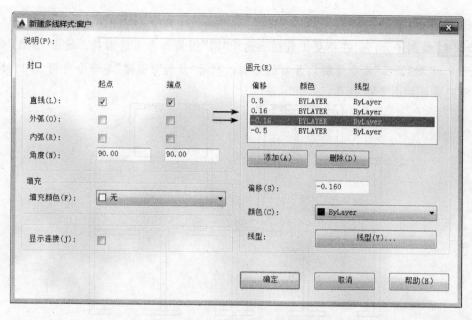

图 2-68 “窗户”多线样式的设置

在图层工具栏上选择“窗户”图层作为当前图层。输入命令(图 2-69)，绘制窗户 C-1、C-3和 C-4，如图 2-70 所示。

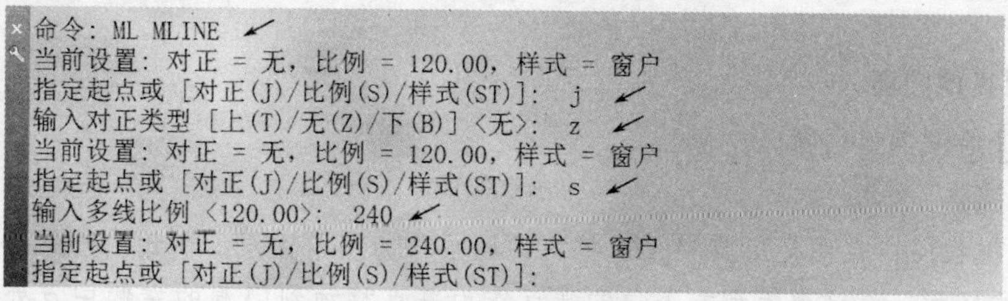

命令: ML MLINE
当前设置: 对正 = 无, 比例 = 120.00, 样式 = 窗户
指定起点或 [对正(J)/比例(S)/样式(ST)]: j
输入对正类型 [上(T)/无(Z)/下(B)] <无>: z
当前设置: 对正 = 无, 比例 = 120.00, 样式 = 窗户
指定起点或 [对正(J)/比例(S)/样式(ST)]: s
输入多线比例 <120.00>: 240
当前设置: 对正 = 无, 比例 = 240.00, 样式 = 窗户
指定起点或 [对正(J)/比例(S)/样式(ST)]:

图 2-69 多线的设置

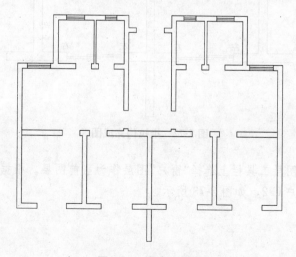

图 2-70 窗户完成图

3. 绘制平开门

步骤七 绘制平开门。在图层工具栏上选择"门"图层作为当前图层。运用"直线"命令绘制门板线；运用"圆弧"命令绘制门开启的方向；利用"复制""镜像"等命令将门 M-1、M-2 和 M-3 绘制完成，如图 2-71 所示。

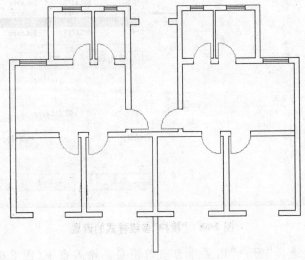

图 2-71 门的完成图

4. 绘制其他门窗

步骤八 绘制其他门窗。

操作步骤：

1)绘制推拉门：在图层工具栏上选择"门"图层作为当前图层。利用"矩形"命令绘制一个 1 000×60 的矩形，将这个矩形左下角的端点作为基点移动到门洞的左侧中点处；用"复制"命令复制一个矩形，以该矩形右上角为基点与门洞右侧的中点重合，如图 2-72 所示。

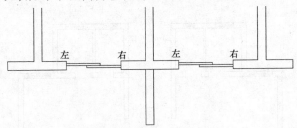

图 2-72 推拉门完成图

2)绘制飘窗：在图层工具栏上选择"窗户"图层作为当前图层。根据标注，运用"直线"和"偏移"等命令绘制窗户 C-2，如图 2-73 所示。

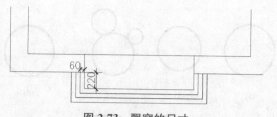

图 2-73 飘窗的尺寸

3)所有门、窗的完成图,如图 2-74 所示。

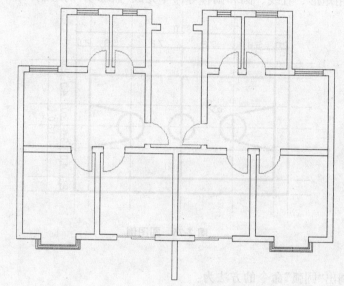

图 2-74 所有门、窗完成图

课题六 绘制平面楼梯和阳台

1. 基本绘图和基本编辑命令

(1)圆。调出"圆"命令的方法为:

①命令行输入:"CIRCLE"或"C";

②菜单栏:"绘图"→"圆";

③单击"绘图"工具栏中的"⊘"按钮。

"圆"命令的选项说明:

①三点:指定圆周上的三个点画圆,如图 2-75(a)所示。

②两点:按照两端点的指定直径画圆,如图 2-75(b)所示。

③相切、相切、半径:已知两个切点及该圆半径画圆,如图 2-75(c)所示。

④相切、相切、相切:通过三个对象切点画圆,如图 2-75(d)所示。

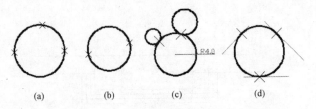

(a)   (b)   (c)   (d)

图 2-75 圆图解

上机操作：用矩形、直线、圆和偏移等命令完成"篮球场"的绘制，如图 2-76 所示。

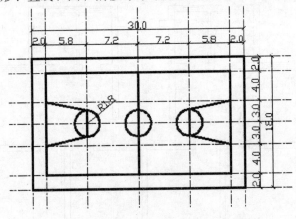

图 2-76 圆图例

(2)圆弧。调出"圆弧"命令的方法为：

①命令行输入："ARC"或"A"；

②菜单栏："绘图"→"圆弧"；

③单击"绘图"工具栏中的"⌒"按钮。

"圆弧"命令的选项说明：

①AutoCAD 为用户提供了 10 种方法绘制圆弧，如图 2-77 所示。

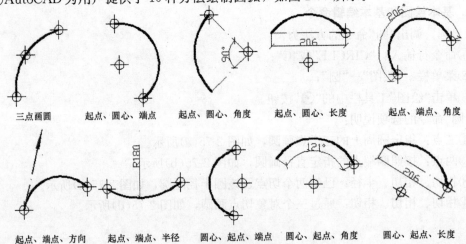

三点画圆　　起点、圆心、端点　　起点、圆心、角度　　起点、圆心、长度　　起点、端点、角度

起点、端点、方向　　起点、端点、半径　　圆心、起点、端点　　圆心、起点、角度　　圆心、起点、长度

图 2-77 圆弧图解

②运用"继续"命令画圆弧，绘制的圆弧与上一线段或圆弧相切。

上机操作：用矩形、圆弧、直线、偏移、镜像和分解等命令来绘制"书柜立面图"（图 2-78）。

（3）椭圆和椭圆弧。椭圆和椭圆弧的快捷命令是一样的，椭圆弧命令附属在椭圆的子命令中。

调出"椭圆"和"椭圆弧"命令的方法为：

①命令行输入："ELLIPSE"或"EL"；

②菜单栏："绘图"→"椭圆"；

③单击"绘图"工具栏中的"⬭"按钮；

④单击"绘图"工具栏中的"⤾"按钮。

"椭圆"和"椭圆弧"命令的选项说明：

①中心点：指定中心点和两条轴的一半长度确定椭圆，如图 2-79（a）所示。

②轴、端点：指定一条轴的起点、端点和另一条轴的一个端点确定椭圆，如图 2-79（b）所示。

③椭圆弧：绘制椭圆弧的方法和椭圆的基本一致，只是在最后多了设置椭圆弧的角度这一选项，如图 2-79（c）所示。

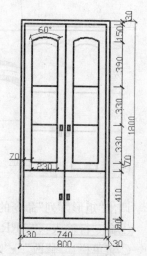

图 2-78　圆弧图例

上机操作：用椭圆、直线和镜像命令绘制"镜子"，如图 2-80 所示。

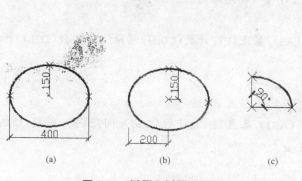

图 2-79　椭圆和椭圆弧图解

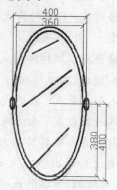

图 2-80　椭圆图例

（4）阵列。阵列是指将选定的对象按照特定的方式多重复制。阵列分为矩形阵列、环形（极轴）阵列和路径阵列，如图 2-81 所示。

图 2-81　"阵列"子菜单

1)矩形阵列。将图形按照行、列进行排列，如图 2-82 所示。

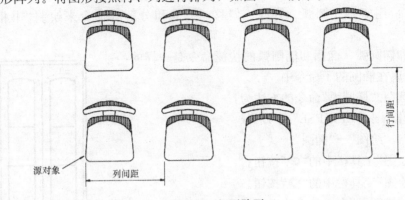

源对象　列间距　行间距

图 2-82　矩形阵列

调出"矩形阵列"命令的方法为：
①命令行输入："ARRAYRECT"；
②菜单栏："修改"→"阵列"→"矩形阵列"；
③单击"修改"工具栏中的""按钮。
具体操作如下：
命令：ARRAYRECT ↙
选择对象：指定对角点：找到 1 个 ↙（指定源对象）
类型 = 矩形 关联 = 否
选择夹点以编辑阵列或 [关联(AS)/基点(B)/计数(COU)/间距(S)/列数(COL)/行数(R)/层数(L)/退出(X)]〈退出〉：cou ↙
输入列数数或 [表达式(E)]〈4〉：↙
输入行数数或 [表达式(E)]〈3〉：2 ↙
选择夹点以编辑阵列或 [关联(AS)/ 基点(B) /计数(COU)/间距(S)/列数(COL)/行数(R)/层数(L)/退出(X)] < 退出 >：↙
"矩形阵列"命令的选项说明：
①关联(AS)：指定阵列中的对象是关联的还是独立的。
②基点(B)：定义阵列的基点和基点夹点的位置。
③计数(COU)：分别指定列数和行数。
④间距(S)：指定列间距和行间距，能让用户通过移动鼠标动态地观察结果。
⑤列数(COL)：指定列数和列间距。
⑥行数(R)：指定阵列的行数和行间距，并且可以指定总的行增量标高。
⑦层数(L)：指定三维阵列中的层数和层间距。
2)环形阵列。是以某一点为中心进行的环形复制，阵列结果是阵列对象沿圆均匀分布（图 2-83）。

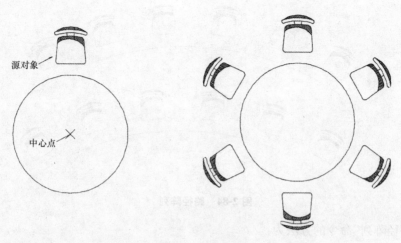

图 2-83 环形阵列

调出"环形阵列"命令的方法为：

①命令行输入："ARRAYPOLAR"；

②菜单栏："修改"→"阵列"→"环形阵列"；

③单击"修改"工具栏中的" ▦ "按钮。

具体操作如下：

命令：ARRAYPOLAR↙

选择对象：指定对角点：找到 1 个↙

类型 = 极轴 关联 = 否

指定阵列的中心点或［基点(B)/旋转轴(A)］：（将圆心设置为中心点）

选择夹点编辑阵列或［关联(AS)/基点(B)/项目(I)/项目间角度(A)/填充角度(F)/行(ROW)/层(L)/旋转项目(ROT)/退出(X)］< 退出 >：↙

"环形阵列"命令的选项说明：

①关联(AS)：指定阵列中的对象是关联的还是独立的。

②基点(B)：定义阵列的基点和基点夹点的位置。

③项目(I)：环形阵列后生成的总对象数。

④项目间角度(A)：以中心点为圆心环形阵列时，相邻两个对象之间的夹角。

⑤填充角度(F)：环形阵列后总的角度值。

⑥行数(ROW)：指定阵列的行数和行间距，并且可以指定总的行增量标高。

⑦层数(L)：指定三维阵列中的层数和层间距。

⑧旋转项目(ROT)：控制在阵列项时是否旋转项。

3)路径阵列。是以某条曲线为轨迹复制图形，通过设置不同的基点，能得到不同效果的阵列(图 2-84)。

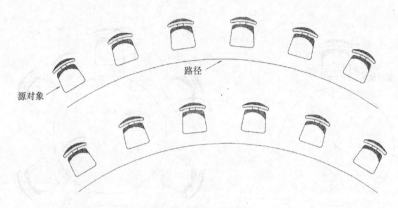

源对象   路径

图 2-84 路径阵列

调出"路径阵列"命令的方法为：

①命令行输入："ARRAYPATH"；

②菜单栏："修改"→"阵列"→"路径阵列"；

③单击"修改"工具栏中的"⬚"按钮。

具体操作如下：

命令：ARRAYPATH ↙

选择对象：找到 1 个

选择对象：↙

类型 ＝ 路径 关联 ＝ 否

选择路径曲线：（选择已画好的图形作为路径）

选择夹点以编辑阵列或［关联(AS)/方法(M)/基点(B)/切向(T)/项目(I)/行(R)/层(L)/对齐项目(A)/z 方向(Z)/退出(X)］＜退出＞：↙

"路径阵列"命令的选项说明：

①关联(AS)：指定阵列中的对象是关联的还是独立的。

②方法(M)：可以选择是定数等分还是定距等分。

③基点(B)：定义阵列的基点和基点夹点的位置。

④切向(T)：指定阵列中的项目如何相对于路径的起始方向对齐。

⑤项目(I)：根据"方法"设置，指定项目数或项目之间的距离。

⑥行(R)：指定阵列的行数和行间距，并且可以指定总的行增量标高。

⑦层(L)：指定三维阵列中的层数和层间距。

⑧对齐项目(A)：指定是否对齐每个项目以与路径的方向相切。对齐相对于第一个项目的方向。

⑨z 方向(Z)：指定是否保持项目的原始 Z 方向或沿三维路径自然倾斜项目。

上机操作：用圆、直线、偏移、阵列和修剪等命令绘制"旋转楼梯"（图 2-85）。

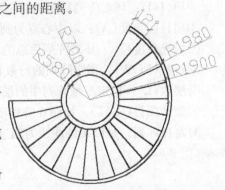

图 2-85 阵列图例

2. 绘制楼梯

步骤九 绘制楼梯。底层建筑平面图采用的是双跑式楼梯，底层平面图中每级踏步的高度为150mm，宽为300mm，标准层中每级踏步高度为171mm，宽为280mm，梯段长为1 015mm。每一个楼梯段有10个踏步面。

操作步骤：

1)在图层工具栏上选择"楼梯"图层作为当前图层。

2)利用"直线"命令在距离左墙角180mm的位置画一条长为1 015mm的直线，然后用"偏移"命令以280mm的距离偏移6次。

3)利用"矩形"命令，绘制一个50mm×1 000mm的矩形做扶手。

4)利用"直线"命令在距离右墙角500mm的位置画一条长为1 015mm的直线，然后用"偏移"命令以300mm的距离偏移2次。

5)利用"直线"命令绘制一段折线，再用"修剪"命令处理，完成楼梯的绘制，如图2-86所示。

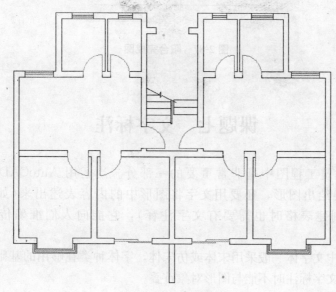

图 2-86　楼梯完成图

3. 绘制阳台

步骤十 绘制阳台。

操作步骤：

1)在图层工具栏上选择"阳台"图层作为当前图层。

2)用"多段线"命令在阳台的墙角边向左绘制一条长3 600mm的水平线，再向上绘一条1 600mm的垂直线。

3)利用"偏移"命令，向内偏移300mm后，将这两条多段线向右边镜像。阳台的绘制结果如图2-87所示。

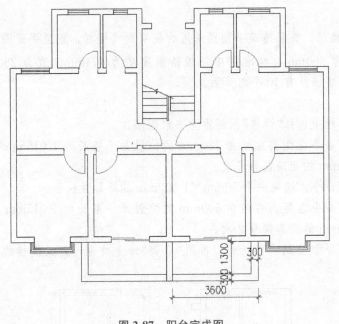

图 2-87 阳台完成图

课题七 文字标注

文字标注在建筑工程图中是非常重要的一部分。当运用 AutoCAD 绘制各种建筑图时，通常不仅要绘出图形，还要用文字将图形中的内容表述出来（如设计说明、技术参数，另外在创建表格时也需要有文字注释），它能向人们准确传达图纸的相关信息。

建筑工程图里中文字体一般采用宋体或仿宋体，字体种类在够用的基础上应尽量减少，最多不超过 4 种。文字标注时不能与图形对象重叠。

1. 设置文字样式

"文字样式"对话框用来设置文字的具体格式，如字体、大小、方向和倾斜角度等，如图 2-88 所示。

(1)调出"文字样式"对话框的方法为：

①命令行输入："STYLE"或"ST"；

②菜单栏："格式"→"文字样式"；

③单击"样式"工具栏中的"❧"按钮。

在"文字样式"对话框中单击"新建"按钮，弹出"新建文字样式"对话框，可以设置文字样式的名称，如图 2-89 所示。

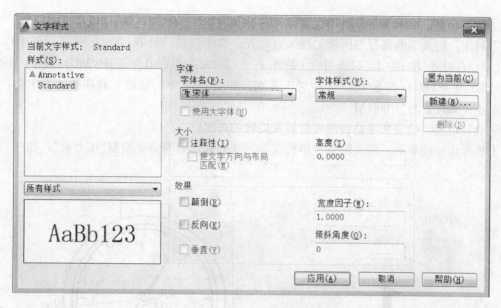

图 2-88 "文字样式"对话框

（2）"文字样式"对话框的选项说明：

①字体：AutoCAD 2016 提供了两种字体文件：一种是 Windows 系统提供的"True-Type"字体，在该字体前有"T"图标；另一种是 AutoCAD 提供的形字体，在该字体后面有". shx"的后缀，字体前有"A"图标。

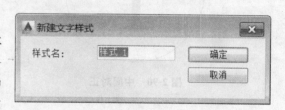

图 2-89 "新建文字样式"对话框

②注释性：指定文字为注释性义字。

③高度：指文字的大小。当默认文字高度为 0 时，输入单行文字时可随意设定文字高度；当文字高度设置为某固定值时，所有单行文字大小将一致。

④颠倒：指文字如同水平镜像一样倒置。

⑤反向：确定是否将文字反向标注。

⑥宽度因子：重新调整文字的宽度，当系数小于 1 时文字变窄，当系数大于 1 时文字变宽。建筑工程图中一般文字设置为 0.8。

⑦倾斜角度：当角度值为正数时，文字向右倾斜；当角度值为负数时，文字向左倾斜。
文字输入一般有两种命令，分别是单行文字和多行文字。

2. 标注单行文字

单行文字一般用来创建一个或单独的几个文字。每行文字都是独立的对象，可单独编辑。

（1）调出"单行文字"命令的方法为：

①命令行输入："DTEXT"或"DT"；

②菜单栏："绘图"→"文字"→"单行文字"；

③单击"文字"工具栏中的"A"按钮。

（2）"单行文字"命令的选项说明：

①文字起点：指定文字开始的位置。

②对正：指文字的部分与所选的插入点对齐。其中包括：对齐（A）/布满（F）/居中（C）/中间（M）/右对齐（R）/左上（TL）/中上（TC）/右上（TR）/左中（ML）/正中（MC）/右中（MR）/左下（BL）/中下（BC）/右下（BR）14 种对正方式。如图 2-90 中，要把 1 放在圆的正中心，可以将对正方式设置为"中间（M）"。

③旋转角度：确定文字是否需要旋转及旋转的角度。

上机操作：用矩形、圆、圆弧、单行文字、阵列和修剪等命令绘制"压力表"，如图 2-91 所示。

图 2-90 中间对正   图 2-91 单行文字图例

当需要在单行文字中插入一些特殊符号时，可以输入一些控制码来调出它们，常用的控制码如表 2-1 所示。

表 2-1 常用控制码

控制码	符 号	控制码	符 号
%%O	上画线（ ‾ ）	\U+2 260	不相等（≠）
%%U	下画线（_）	\U+00B2	平方
%%D	度（°）	\U+2 082	下标2
%%P	正负符号（±）	\U+03A9	欧米伽（Ω）
%%C	直径符号（φ）	\U+2 220	角度符号（∠）
%%%	百分号（%）	\U+2 104	中心线
		\U+2 248	几乎等于（≈）

3. 标注多行文字

当处于默认状态下，在绘图窗口中指定放置多行文字的矩形区域的另一个角点时，将打开"文字格式"对话框，如图 2-92 所示。多行文字一般用于创建一个或几个段落，这些文字都是一个整体，可同时对其调整和修改。

图 2-92　"文字格式"对话框

（1）调出"多行文字"命令的方法为：

①命令行输入："DTEXT"或"DT"；

②菜单栏："绘图"→"文字"→"多行文字"；

③单击"文字"工具栏中的"**A**"按钮。

（2）"多行文字"命令的选项说明："文字格式"对话框中的选项与 Word 软件界面类似，不再赘述。只对一些不常见的选项加以阐述。

①追踪：用于增加或减少选定字符之间的间距。大于 1 增加字间距，小于 1 减少字间距。

②栏数：设置段落分栏。

③多行文字对正：与单行文字的对正相同。

④段落：为段落与段落的第一行设置缩进，指定制表位和缩进，控制段落对齐方式、段落间距和段落行距。

⑤分布：将文字均匀放置在制表位上。

⑥行距：设置选定行之间的距离。

⑦插入字段：单击该选项将弹出"字段"对话框，如图 2-93 所示，从中可以选择插入到文字中的字段，比如日期等。

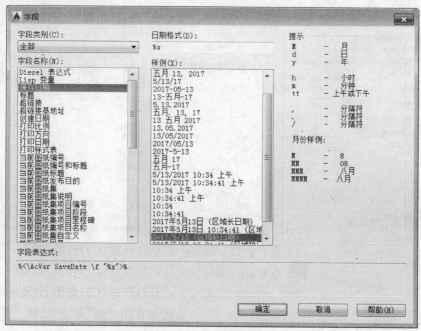

图 2-93　"字段"对话框

⑧符号：选择此项可以直接将符号插入到段落中。

⑨背景遮罩：用来设定文字的背景并进行遮罩，如图 2-94 所示。

4. 文字编辑

调出文字"编辑"命令的方法为：

①命令行输入："DTEDIT"；

②菜单栏："修改"→"对象"→"文字"→"编辑"；

③单击"文字"工具栏中的""按钮。

图 2-94 "背景遮罩"对话框

> **注：** 双击需要编辑的多行文字也可以进入多行文字编辑窗口，能对文字的内容、格式等相关内容重新编辑。

课题八 完成底层平面图的绘制

1. 基本绘图和基本编辑命令

(1) 填充。在建筑工程平面图、立面图和剖面图的绘制过程中，常常会使用某个图案去填充某些特定的封闭区域，从而表达出这些区域的特征，我们把这种操作称为图案填充(图 2-95)。图案填充被广泛运用到土建类各种图样的绘制中，如在地面图中的地面材质表现，在建筑剖面图中表示被剖到断面的钢筋混凝土材料等。

图 2-95 "图案填充"选项卡

1)图案填充。调出"图案填充"选项卡的方法为：

①命令行输入："HATCH"或"H"；

②菜单栏："绘图"→"图案填充"；

③单击"绘图"工具栏中的"▨"按钮。

"图案填充"选项卡的说明：

①类型和图案。

a. 类型：分为预定义、用户定义和自定义。"预定义"可以使用软件自带的图案，包括"ANSI""ISO"和其他预定义图案共82种；"用户定义"是由用户通过指定角度和间距用固定的线型定义一组或两组互相垂直的图案；"自定义"表示选用"ACAD. PAT"图案文件或其他文件中的填充图案。

b. 图案：用于设置填充的图案。当单击"▢"按钮时，将弹出"填充图案选项板"对话框，如图2-96所示，可以在该对话框中任意选择需要的图案填充对象。

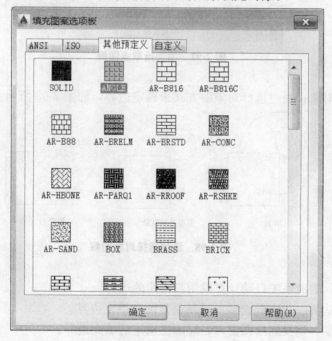

图2-96 "填充图案选项板"对话框

c. 样例：显示选定图案的预览图像。

②角度和比例。

a. 角度：指定填充图案的角度。

b. 比例：放大或缩小预定义和自定义图案。

c. 双向：当类型为"用户定义"时此项才可用于设置第二组与第一组成90°垂直的图案。

d. 相对图纸空间：相对于图纸空间的单位缩放填充图案。只有在布局空间中才能显示该选项。

e. 间距：指定用户定义图案中直线的间距。该选项只有在用户定义类型下才可以使用。

f. ISO 笔宽：基于选定笔宽缩放"ISO"预定义图案。

③图案填充原点。

a. 使用当前原点：默认情况下原点位置为(0，0)。

b. 指定的原点：重新指定原点位置，可以返回到界面中拾取，也可以直接选择左上、左下、右上、右下或正中。这个选项在填充地砖时经常用到。

④边界。

a. 添加拾取点：以拾取点的方式根据构成封闭区域的选定对象来确定边界，如图2-97所示。

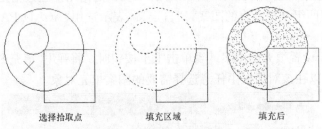

选择拾取点　　　　填充区域　　　　填充后

图 2-97　添加拾取点图解

b. 添加选择对象：通过选择对象的方式来确定边界，如图 2-98 所示。

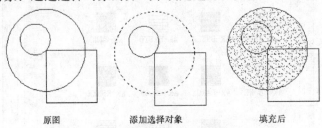

原图　　　　添加选择对象　　　　填充后

图 2-98　添加选择对象图解

c. 删除边界：取消系统自动计算或用户指定的边界。

d. 重新创建边界：单击此选项可重新创建图案填充边界。

e. 查看选择集：切换到绘图窗口，显示已选定的填充边界。

⑤选项。

a. 注释性：指定图案填充为注释性。

b. 关联：用于确定填充图案与边界的关系。勾选此复选框时，对象大小发生变化，填充的图案也随之改变。

c. 创建独立的图案填充：当指定单独的几个对象边界时，确定是创建单个图案填充，还是多个图案填充，如图2-99所示。

d. 继承特性：将现有图案填充或填充对象的特性应用到其他选定的对象中。

⑥孤岛：出现在填充区内的封闭边界。它有三种

创建独立图案填充　　不创建独立图案填充

图 2-99　创建独立的图案填充选项

显示样式：

    a. 普通：从外部边界向内填充交替进行，直至选定边界填充完为止，如图 2-100(a)所示；

    b. 外部：只填充最外层与向内第一边界之间的区域，如图 2-100(b)所示；

    c. 忽略：忽略最外层边界内其他任何实体，从最外层边界向内全部填充，如图 2-100(c)所示。

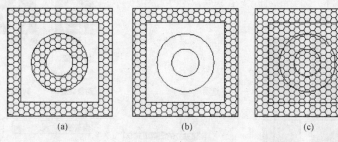

图 2-100　孤岛样式

⑦边界保留：根据图案填充边界创建边界对象，并将它们添加到图形中去。

⑧边界集：表示从指定点定义边界时要分析的边界集。

⑨允许的间隙：设置图案填充时可以允许的最大间隙。

⑩继承选项：控制图案填充原点的位置。

上机操作：用矩形、偏移、旋转、多线和填充等命令绘制"凉亭"(图 2-101)。

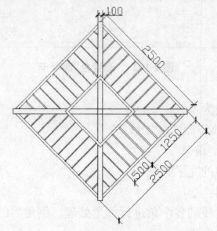

图 2-101　图案填充图例

2)渐变色(图 2-102)。调出"渐变色"选项卡的方法为：

①命令行输入："HATCH"或"H"；

②菜单栏："绘图"→"渐变色"；

③单击"绘图"工具栏中的"▓"按钮。

"渐变色"选项卡的说明：

①单色：用单色与白色产生平滑过渡的渐变。

②双色：应用两种颜色之间产生平滑过渡的渐变。

③角度：指定渐变填充的角度，此角度与图案填充的角度互不影响。

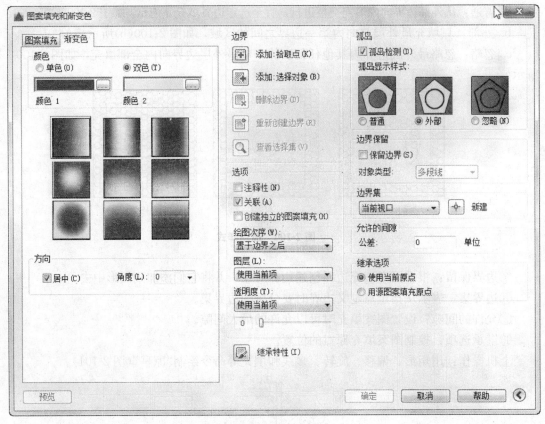

图 2-102　"渐变色"选项卡

（2）倒角。

调出"倒角"命令的方法为：

①命令行输入："CHAMFER"或"CHA"；

②菜单栏："修改"→"倒角"；

③单击"修改"工具栏中的"⬜"按钮。

"倒角"命令的选项说明：

①多段线：同时给多段线的各个角进行倒角处理。倒角后的多段线成为新线段。

②距离：设置两个倒角距离。

③角度：通过设置第一条边的边长和角度设置倒角。

④修剪：确定倒角后对相应的倒角边进行修剪。

⑤方式：选择用什么方式倒角，是根据距离还是角度。

⑥多个：选择此选项后，可以依次对多个角进行倒角处理，直到处理完成后按 Enter 键结束"倒角"命令为止。

注：当一个角的两条边没有闭合，可以进入倒角命令后，按 Shift 键依次选择这两条相邻的边。则这两条直线延伸后相交，如图 2-103 所示。

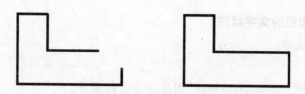

图 2-103　倒角特殊处理

上机操作：用矩形、直线、圆、阵列和倒角等命令绘制"蹲便器"(图 2-104)。

(3)圆角。圆角是指定半径创建一段圆弧用以平滑的连接两个对象。

调出"圆角"命令的方法：

①命令行输入："FILLET"或"F"；

②菜单栏："修改"→"圆角"；

③单击"修改"工具栏中的"⬜"按钮。

"圆角"命令的选项说明："圆角"半径：设置圆角的半径。其余选项均与倒角一致，在此不再赘述。

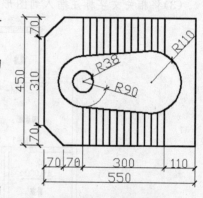

图 2-104　倒角图例

注：当对象已经圆角需要处理成锐角时，将圆角半径设为 0 即可，如图 2-105 所示。

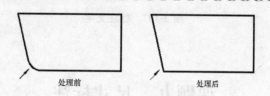

处理前　　　　　　　　处理后

图 2-105　锐角处理

上机操作：用矩形、圆、椭圆、样条曲线、偏移、圆角等命令绘制"马桶"(图 2-106)。

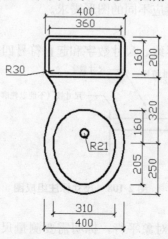

图 2-106　圆角图例

2. 完成底层平面图的文字标注

步骤十一 标注文字。

操作步骤：

(1)在图层工具栏上选择"文字标注"图层作为当前图层。

(2)在命令行中输入：DT↙(将文字高度设置为300，旋转角度为0)。

(3)将相关文字标注插入到图形中，如图 2-107 所示。

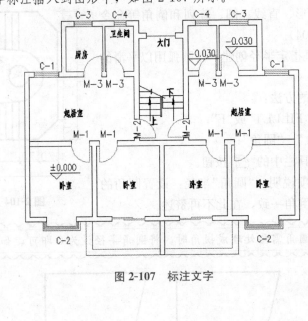

图 2-107　标注文字

课题九　尺寸标注

尺寸标注是建筑工程图中重要的一部分，是建筑施工的依据。AutoCAD 2016 提供了方便、准确地标注尺寸的方法以适应不同的图形需求。

1. 尺寸标注组成及标准

尺寸标注由尺寸线、尺寸界线、尺寸数字和起止符号四个部分组成，如图 2-108 所示。

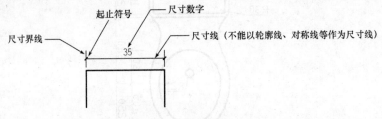

图 2-108　尺寸标注组成图

(1)尺寸线：一般与被标注对象平行，标明需要测量尺寸的长短，用细实线单独绘制。最靠近对象的尺寸线与对象之间的距离不应小于10mm。两个尺寸线之间不小于7～10mm。

（2）尺寸界线：用来界定被标注对象的两端，一般垂直于对象。尺寸界线不能与被标注对象产生交点，至少要有2mm的距离，超出尺寸线的部分不少于10mm。

（3）尺寸数字：主要用来说明对象尺寸大小的，一般用数字表示，少数情况下会有单位。大多数情况下尺寸数字标注在尺寸线的上方，也可以标注在中间。当没有足够空间标注尺寸数字时也可在尺寸线上方带引线标注。

（4）起止符号：位于尺寸界线的两端，可以用箭头、点或建筑标记来表示。在建筑工程图中一般采用建筑标记作为起止符号。

2. 建筑施工图中尺寸标注的要求

建筑工程图的尺寸标注必须符合制图要求。目前，各国制图标准不尽相同，我国建筑图尺寸标注一般会遵循以下要求：

（1）创建独立的标注图层，并设置专门的文字样式用于标注。

（2）在 AutoCAD 2016 中所标注的尺寸数字应以实际设计的物体尺寸为依据，即以 1∶1 的比例绘图效果最好，也便于尺寸标注操作，尺寸无须换算。

（3）建筑工程制图中除了总平面图和标高以米（m）为单位外，其他均采用毫米（mm）为单位，因此在尺寸数字标注时大多数情况下不标明单位。

（4）尺寸标注尽量标在图形轮廓线以外，从内到外、从小到大依次标注尺寸。

（5）如果有连续相同的尺寸可以用"EQ"或"均分"标明。

（6）尺寸线的位置应合理安排，尽量不与图形相交。

（7）标注要求准确、清晰、美观大方。同一张图中标注风格应保持一致。

3. 设置标注样式

在标注尺寸之前应先创建合适的标注样式，如图 2-109 所示，这样便于统一管理。

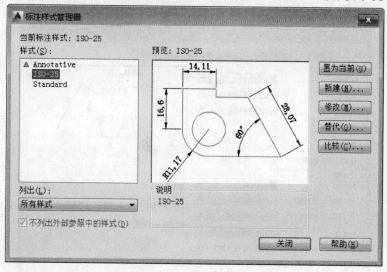

图 2-109　"标注样式管理器"对话框

（1）调出"标注样式管理器"对话框的方法为：

①命令行输入："DIMSTYLE"或"D"；

②菜单栏："标注"→"标注样式"；

③单击"样式"工具栏中的"▣"按钮；

④单击"标注"工具栏中的"▣"按钮，如图 2-110 所示。

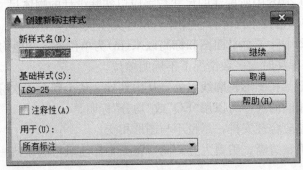

图 2-110　"标注"工具栏

(2)"标注样式管理器"对话框选项说明：

1)置为当前：将选中的标注样式设置为当前模式，之后所创建的标注均与该标注样式一致。

2)新建：单击该按钮会打开"创建新标注样式"对话框，可以设置样式名、使用范围及基础样式，如图 2-111 所示。单击"继续"按钮，将打开"新建标注样式"对话框，如图 2-112 所示。"新建标注样式"对话框的选项说明如下。

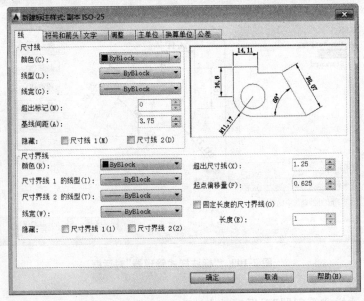

图 2-111　"创建新标注样式"对话框

①"线"选项卡(图 2-112)。

图 2-112　"线"选项卡

a. 尺寸线：可以设置尺寸线的颜色、线型和线宽。

超出标记：超出尺寸线的距离，通常设置为0。

基线间距：设置基线标注时，尺寸线与尺寸线之间的距离通常大于10mm。

b. 尺寸界线：可以设置尺寸界线的颜色、线型和线宽。

超出尺寸线：确定尺寸界线超出尺寸线的距离。

起点偏移量：确定尺寸界线的实际起始点相对于其定义点的偏移量。

固定长度的尺寸界线：使所标注尺寸采用相同的尺寸界线。

②"符号和箭头"选项卡(图2-113)。

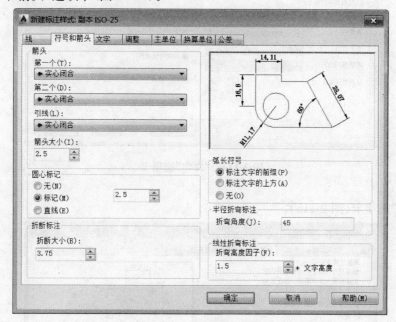

图2-113　"符号和箭头"选项卡

a. 箭头：设置箭头的类型、大小和引线的类型。

b. 圆心标记：设置圆心标记的类型和大小。

c. 折断标注：在软件中尺寸线或延伸线与其他线重叠处打断尺寸线或延伸线。

d. 弧长符号：用于为圆弧标注长度时，设置是否在尺寸前加圆弧符号。

e. 半径折弯标注：设置折弯角度，半径折弯标注常用于确定连接半径标注的延伸线和尺寸线之间的横向直线的折弯角度。

f. 线性折弯标注：设置折弯高度为折弯高度因子与尺寸的文字高度的乘积。

③"文字"选项卡(图2-114)。

a. 文字外观：选择合适的文字样式，设置文字颜色、填充颜色、文字高度和分数高度比例。

b. 文字位置：当标注垂直时一般选择"上"，水平时文字放置在"居中"的位置。

观察方向：选择文字的输入方向是从左到右还是从右到左。

从尺寸线偏移：文字一般不会紧贴着尺寸线，与尺寸线有至少2mm的距离。

c. 文字对齐：确定文字对齐的方式，通常默认为与尺寸线对齐。

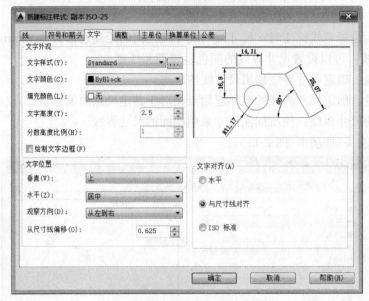

图 2-114　"文字"选项卡

④"调整"选项卡（图 2-115）。

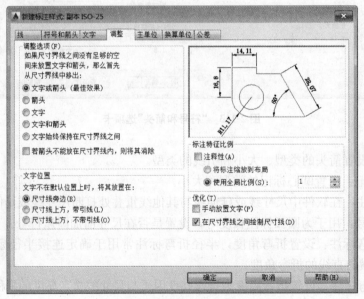

图 2-115　"调整"选项卡

a. 调整选项：当在延伸线之间没有足够的空间同时旋转尺寸数字和起止符号时，确定应首先从延伸线之间移出尺寸文字和箭头的哪一部分。

b. 文字位置：当文字不在默认位置上时，确定将其放置在哪个位置，通常选择放置在尺寸线上方，带引线。

c. 标注特征比例：设置所标注尺寸的缩放关系。

注释性：用来确定标注样式是否为注释性样式。

将标注缩放到布局：将该标注样式运用到图纸空间中缩放。

使用全局比例：用来为所有标注样式设置一个缩放比例，但该比例不改变尺寸的测量值。

d. 优化：设置标注尺寸时是否需要附加调整。

手动放置文字：忽略所有水平对正设置，并把文字放置在"尺寸线位置"提示下指定的位置。

在延伸线之间绘制尺寸线：即使箭头绘制在测量点之外，也要在测量点之间绘制尺寸线。

⑤"主单位"选项卡（图 2-116）。

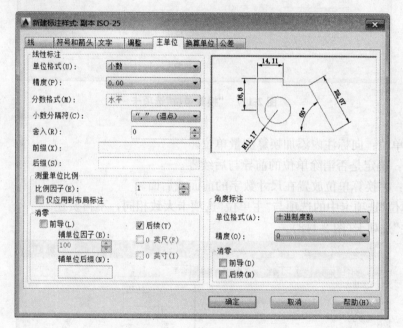

图 2-116 "主单位"选项卡

a. 线性标注：设置线性标注的主单位格式和精度。

分数格式：确定标注为分数时的格式。

小数分隔符：设置用于十进制格式的分隔符号。

舍入：用来确定除"角度"之外的其他标注的测量精度。

前缀和后缀：设置尺寸标注的前、后缀。

b. 测量单位比例：设置线性标注的测量值的比例因子。

c. 消零：确定是否显示尺寸标注中的前导或后续零。如勾选"前导"复选框，当尺寸为"0.212"时显示为".212"；如勾选"后续"复选框，当尺寸为"12.100"时显示为"12.1"。

d. 角度标注：设置角度标注的格式、精度、前导和后续消零。

⑥"换算单位"选项卡（图 2-117）。

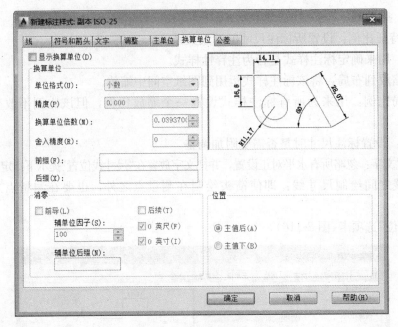

图 2-117 "换算单位"选项卡

a. 换算单位：向标注内添加换算测量单位。

b. 消零：确定是否消除单位的前导与后续零。

c. 位置：将换算单位放置在尺寸数字的前面或后面。

"换算单位"选项卡中的选项与"主单位"选项卡大致相同，不再赘述。

⑦"公差"选项卡（图 2-118）。

图 2-118 "公差"选项卡

"公差"选项卡用于确定是否标注公差和相关设置，一般用于机械制图中，在建筑工程图中很少用。

公差格式：设置计算公差的方法、精度、最大公差、最小公差、高度比和控制对称公差及极限公差的文字对正方式。

3)替代：单击该按钮可打开"替代当前样式"对话框，用于设置当前样式的替代样式(图2-119)，设置好后，单击标注工具栏中的更新按钮"〓"，然后选择需要更新的对象即可完成操作。

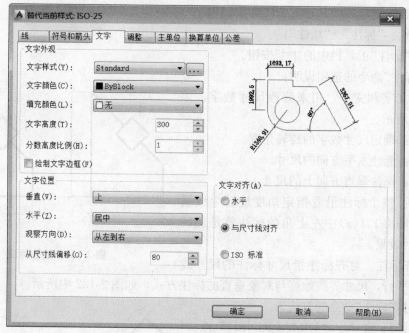

图 2-119　"替代当前样式"对话框

4)比较：针对两个标注样式进行比较，用于比较不同标注样式之间的区别，如图 2-120 所示。

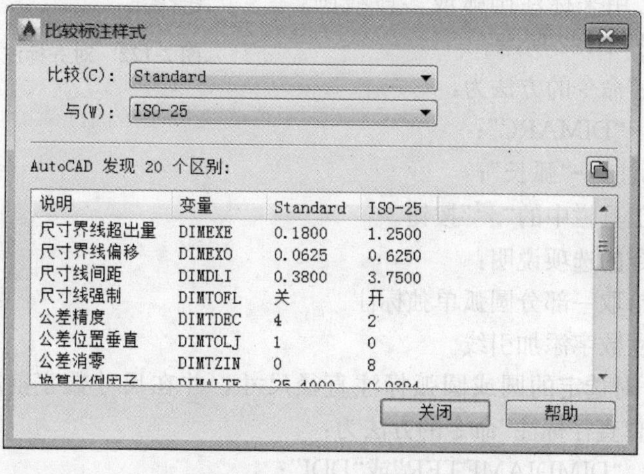

图 2-120　"比较标注样式"对话框

4. 尺寸标注命令

在 AutoCAD 2016 中有很多种尺寸标注命令，为了标注的时候方便使用，可以将"标注"工具栏调出：在任意工具栏上右击便会弹出工具栏的下拉菜单，从中选择"标注"选项即可调出该工具栏(图 2-110)。以下为一些建筑工程制图中常用的尺寸标注命令。

(1)线性标注。线性标注用来标注水平和垂直方向的尺寸。

调出"线性标注"命令的方法为：

①命令行输入："DIMLINEAR"或"DLI"；

②菜单栏："标注"→"线性"；

③单击"标注"工具栏中的"┝┥"按钮。

"线性标注"命令的选项说明：

①多行文字和文字：用来修改尺寸数字，如图 2-121(b)所示。

②角度：确定尺寸数字的旋转角度。

③水平：标注水平方向的尺寸。

④垂直：标注垂直方向上的尺寸。

⑤旋转：整个标注沿着指定角度旋转生成线性标注，如图 2-121(a)中左上角的标注就是旋转了 45°之后的效果。

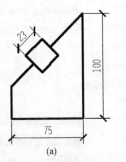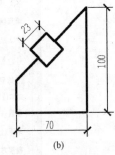

图 2-121 线性标注

(2)对齐标注。对齐标注指尺寸标注的尺寸线始终与对象平行，尺寸界线始终与对象垂直的标注方式，如图 2-122 中所示。

调出"对齐标注"命令的方法为：

①命令行输入："DIMALIGNED"或"DAL"；

②菜单栏："标注"→"对齐"；

③单击"标注"工具栏中的"⟍"按钮。

(3)弧长标注。用来标注圆弧或多段线圆弧段上的距离，如图 2-122 所示。

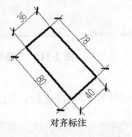

对齐标注   弧长标注

图 2-122 对齐标注和弧长标注

调出"弧长标注"命令的方法为：

①命令行输入："DIMARC"；

②菜单栏："标注"→"弧长"；

③单击"标注"工具栏中的"⌒"按钮。

"弧长标注"命令的选项说明：

①部分：重新拾取一部分圆弧单独标注。

②引线：为尺寸数字添加引线。

(4)直径标注。对选定的圆或圆弧标注直径尺寸，并在尺寸数字前标明直径符号，如图 2-123所示。调出"直径标注"命令的方法为：

①命令行输入："DIMDIAMETER"或"DDI"；

②菜单栏："标注"→"直径"；

③单击"标注"工具栏中的"🖉"按钮。

（5）半径标注。对选定的圆或圆弧标注半径尺寸，并在尺寸数字前标明半径符号，如图2-123所示。调出"半径标注"命令的方法为：

① 命 令 行 输 入："DIMRADIUS"或"DRA"；

②菜单栏："标注"→"半径"；

③单击"标注"工具栏中的"🖉"按钮。

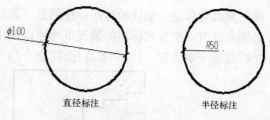

图 2-123　直径标注和半径标注

（6）角度标注。标注不平行的两条线之间的夹角，如图 2-124 所示。调出"角度标注"命令的方法为：

①命令行输入："DIMANGULAR"或"DAN"；

②菜单栏："标注"→"角度"；

③单击"标注"工具栏中的"△"按钮。

（7）圆心标记。创建圆或圆弧的圆心标注或中心线，如图 2-124 所示。调出"圆心标记"命令的方法为：

①命令行输入："DIMCENDER"或"DCE"；

②菜单栏："标注"→"圆心标记"；

③单击"标注"工具栏中的"⊕"按钮。

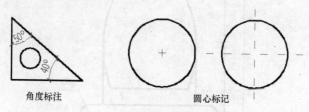

图 2-124　角度标注和圆心标记

（8）连续标注。连续标注又称尺寸链，是从某一基准尺寸界线开始，按某一方向顺序标注一系列尺寸，相邻的尺寸共用一条尺寸界线，如图 2-125 所示。连续标注必须在已有一个参照标注的情况下才可以使用。调出"连续标注"命令的方法为：

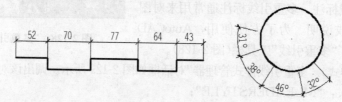

图 2-125　连续标注

①命令行输入："DIMCONTINUE"或"DCO"；

②菜单栏："标注"→"连续"；

③单击"标注"工具栏中的"🖽"按钮。

(9)基线标注。自动从上一个线性标注、角度标注或对齐标注的第一条尺寸界线开始连续创建其他标注。创建的这些标注的第一条尺寸界线自动重合，如图 2-126 所示。基线标注必须在已有一个参照标注的情况下才可以使用，基线间距可以在"新建标注样式"对话框中的"线"选项卡中设置。调出"基线标注"命令的方法为：

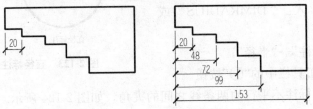

图 2-126   基线标注

①命令行输入："DIMBASELINE"或"DBA"；
②菜单栏："标注"→"基线"；
③单击"标注"工具栏中的"⊢"按钮。
上机操作：用矩形、直线、圆弧、镜像和基线标注等命令绘制"坐便器"（图 2-127）。

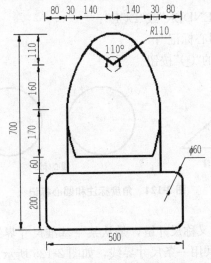

图 2-127   标注图例

(10)多重引线标注。多重引线标注通常用来对图形对象进行注释或说明。为了方便使用，AutoCAD 2016 还单独提供了"多重引线"工具栏（图 2-128）。

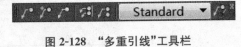

图 2-128   "多重引线"工具栏

1)多重引线样式。"多重引线样式管理器"对话框如图 2-129 所示。调出该对话框的方法为：
①命令行输入："MLEADERSTYLE"；
②菜单栏："格式"→"多重引线样式"；
③单击"多重引线"工具栏中的"🖉"按钮。
在"多重引线样式管理器"对话框单击"新建"按钮将打开"创建新多重引线样式"对话框，如图 2-130 所示。单击"继续"按钮后弹出"修改多重引线样式"对话框。在"修改多重引线样式"对话框中有三个选项卡，即"引线格式"（图 2-131）、"引线结构"（图 2-132）和"内容"（图 2-133）。

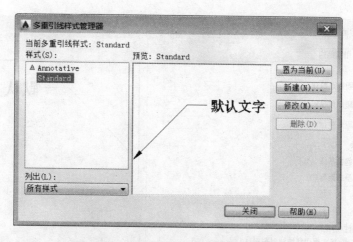

图 2-129　"多重引线样式管理器"对话框

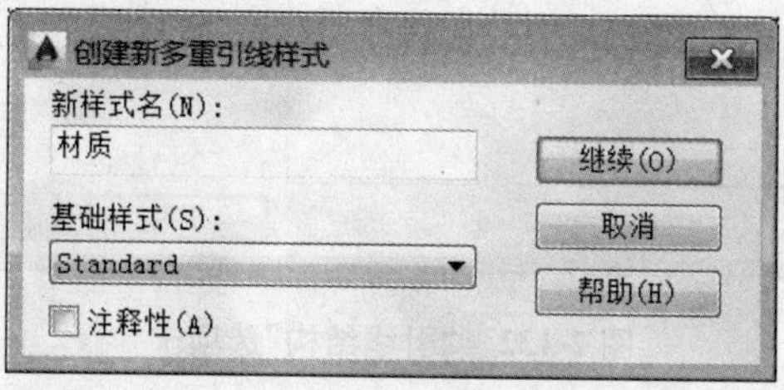

图 2-130　"创建新多重引线样式"对话框

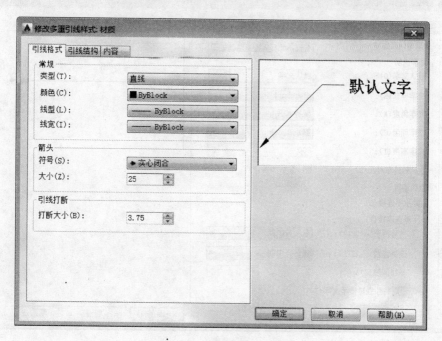

图 2-131　"引线格式"选项卡

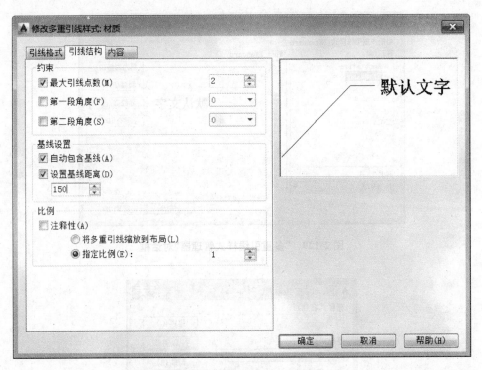

图 2-132 "引线结构"选项卡

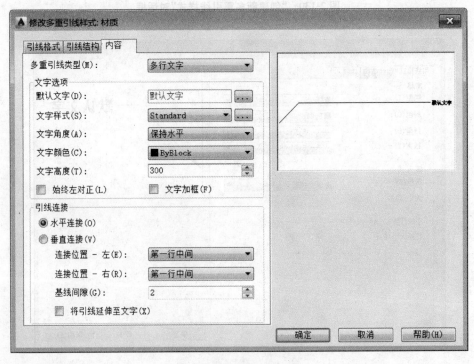

图 2-133 "内容"选项卡

"修改多重引线样式"对话框中的各选项内容较简单，这里不再详细介绍。一般引线标注样式可修改箭头的大小和样式、基线距离、文字高度和引线连接，其他选项均设为默认。

2）调出"多重引线标注"命令的方法为：

①命令行输入："MLEADER"；

②菜单栏："标注"→"多重引线"；

③单击"多重引线"工具栏中的"⌐°"按钮。

当设置好多重引线样式后可直接选中需要多重引线标注的对象并标注。

上机操作：运用矩形、块、直线、图案填充、尺寸标注和多重引线等命令绘制"玄关立面图"（图 2-134）。

5. 编辑尺寸标注

（1）编辑标注。当尺寸标注出现问题时，可以对已经生成的尺寸标注进行编辑和修改，如将尺寸文字进行旋转、倾斜或修改尺寸数字并调整其标注的位置等。

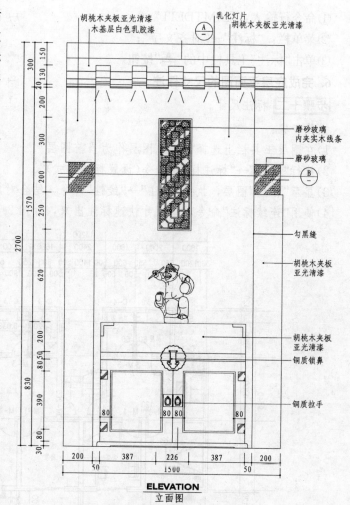

图 2-134　多重引线图例

调出"编辑标注"命令的方法为：

①命令行输入："DIMEDIT"；

②单击"标注"工具栏中的"⼾"按钮。

"编辑标注"命令的选项说明：

①默认：将修改后的标注移回到标注样式指定的默认位置。

②新建：将尺寸数字内容修改后放在所选的尺寸线上。

③旋转：重新修改尺寸数字的角度。

④倾斜：将所选尺寸界线以指定的角度倾斜，主要用于轴测图的尺寸标注。

（2）编辑标注文字。此命令专门用来调整尺寸数字放置的位置（图 2-135）。

调出"编辑标注文字"命令的方法为：

①命令行输入："DIMTDEIT"；

②菜单栏："标注"→"对齐文字"；

③单击"标注"工具栏中的"⊿"按钮。

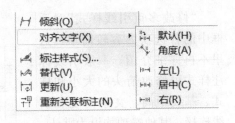

6. 完成底层平面图的尺寸标注

步骤十二 标注尺寸。

操作步骤：

图 2-135 "对齐文字"子菜单

1）在图层工具栏上选择"标注"图层作为当前图层。

2）执行"标注"→"标注样式"命令（设置标注样式）。

3）显示"轴线"图层，执行"标注"→"线性"命令，结合对象捕捉，先标一个尺寸。

4）使用"连续标注"命令，将尺寸快速标注出来，如图 2-136 所示。

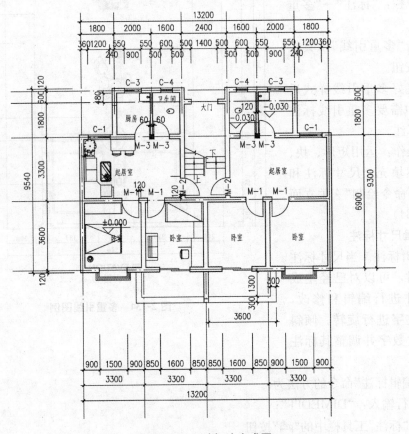

图 2-136 尺寸标注完成图

7. 完成底层平面图的定位轴线符号的标注

步骤十三 标注定位轴线符号。

操作步骤：

1）在图层工具栏上选择"定位轴线符号"图层作为当前图层。

命令输入：C↙（绘制一个半径为 400 的圆）。

执行"绘图"→"块"→"定义属性"命令(设置如图 2-137 所示);选中图中的圆,单击捕捉圆心。

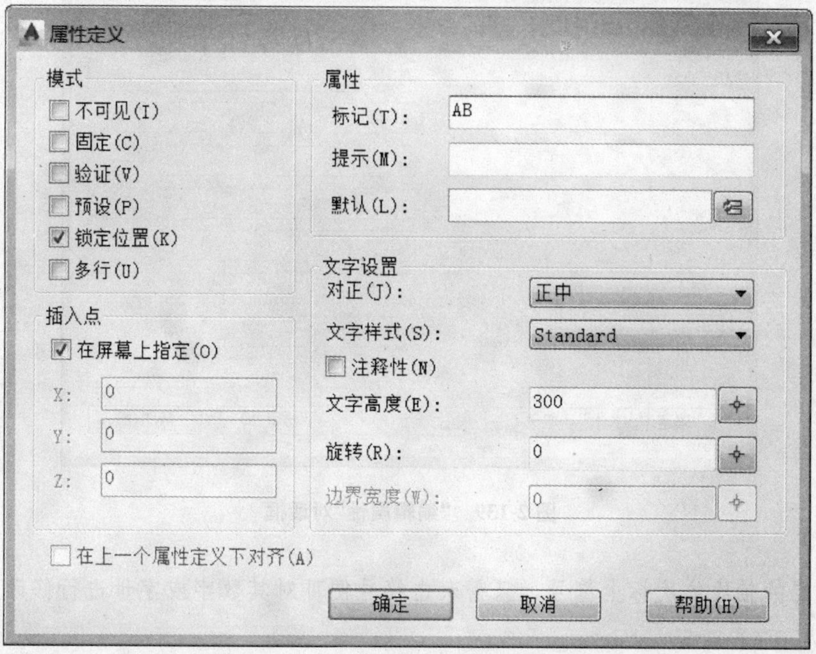

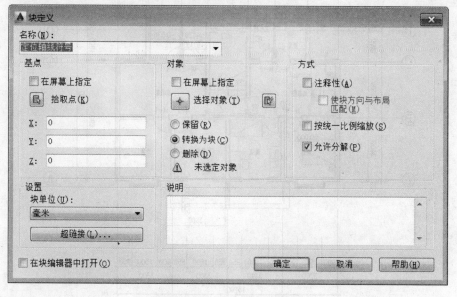

图 2-137　"属性定义"对话框

2)执行"绘图"→"块"→"创建"命令(设置如图 2-138 所示)。

图 2-138　"块定义"对话框

3)将基点定义在圆心上,并将整个圆框选后按 Enter 键,随即弹出"编辑属性"对话框,输入要放置在圆内的数字或字母,如图 2-139 所示。

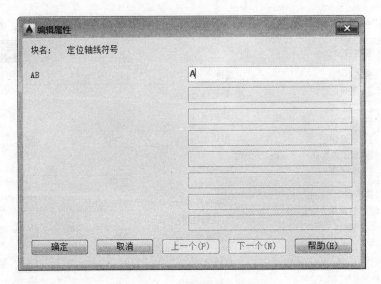

图 2-139 "编辑属性"对话框

4)将需要的轴线依次标上符号，只需双击符号便可对其数字或字母进行修改，最终效果如图 2-140 所示。

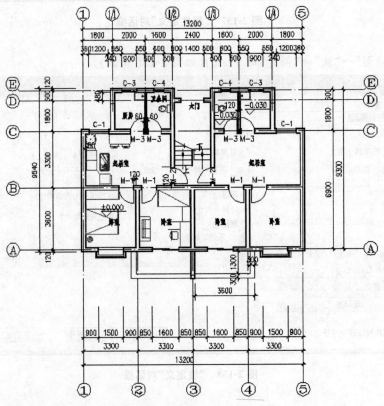

图 2-140 底层平面图最终效果

5)完成底层平面图的绘制。

6)保存图形并将文件名设置为"底层平面图"。

课题十　制作图纸标题栏

建筑工程制图中标题栏是用表格来完成的，表格则由文字和单元框组成。

1. 表格样式

与标注一样，在插入表格之前，应先创建表格样式，如图 2-141 所示。调出"表格样式"对话框的方法为：

①命令行输入："TABLESTYLE"或"TS"；

②菜单栏："格式"→"表格样式"；

③单击"样式"工具栏中的"📝"按钮。

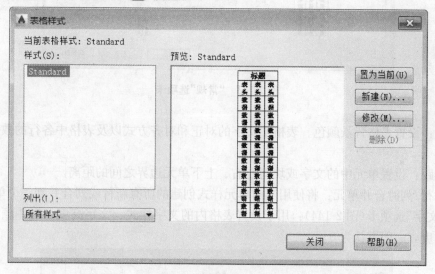

图 2-141　"表格样式"对话框

在"表格样式"对话框单击"新建"按钮，弹出"创建新的表格样式"对话框，可以设置新样式名，如图 2-142 所示。单击"继续"按钮，弹出"新建表格样式"对话框。"新建表格样式"对话框选项说明如下。

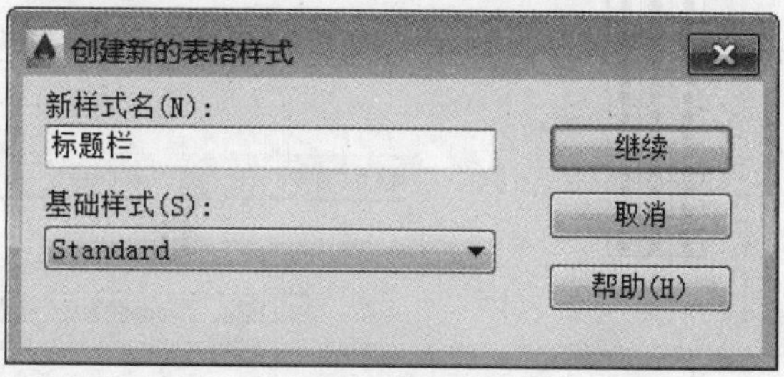

图 2-142　"创建新的表格样式"对话框

①常规：用来设置表格读取的方向。

②单元样式：下拉列表中包括"标题""表头""数据"三个选项，可以分别对它们进行设置。

a."常规"选项卡（图 2-143）。

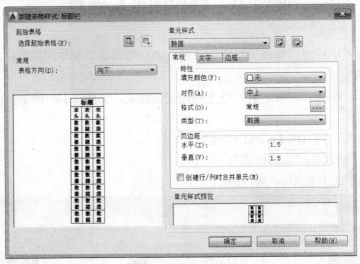

图 2-143　"常规"选项卡

特性：设置表格背景颜色、表格中文字的对正和对齐方式以及表格中各行的数据类型和格式。

页边距：设置单元中的文字或块与左右、上下单元边界之间的距离。

创建行/列时合并单元：将使用当前单元样式创建的所有新行或列合并到一个单元中。

b."文字"选项卡（图 2-144）：用于设置表格内的文字样式、文字高度、字体颜色和文字的旋转角度，一般默认为 0。

图 2-144　"文字"选项卡

c."边框"选项卡(图 2-145)：用于设置边框的线宽、线型、颜色，用双线来制作边框选项以及通过单击特定的按钮来选定不同的边框特性应用到边框中。

图 2-145　"边框"选项卡

注：行高受到文字高度与页边距之和的限制。设置表格样式时，应注意设置好相应数值。

2. 绘制表格

在设置好表格样式之后即可创建表格。"插入表格"对话框如图 2-146 所示。

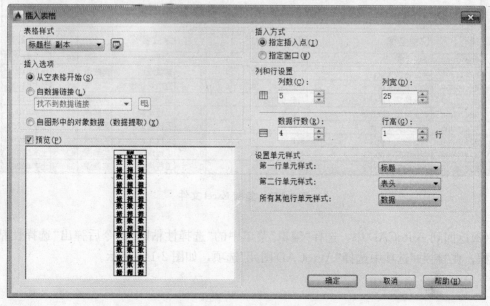

图 2-146　"插入表格"对话框

(1)调出"插入表格"对话框的方法：

①命令行输入："TABLE"或"TB"；

②菜单栏："绘图"→"表格"；

③单击"绘图"工具栏中的"▦"按钮。

(2)"插入表格"对话框选项说明：

1)插入选项：选择"从空表格开始"单选按钮，可创建手动填充数据的空表格。

2)插入方式：

①指定插入点：指定表格左上角的位置。如果表格的方向是从下向上读取，则插入点位于表的左下角。

②指定窗口：指定表格的大小和位置。选择此单选按钮时，行数、行高、列数和列宽取决于窗口的大小以及列和行的设置。

3)列和行设置：设置列数、列宽、数据行数和行高数。

4)设置单元样式：用于指定第一单元、第二单元和其他单元采用哪种样式。

> 注：1. 插入表格后，选择某一个单元格，然后通过移动相应的夹点来调整表格中单元格的大小。
>
> 2. 当需要在表格中插入文字时，双击某一个单元格便会弹出"文字格式"对话框。可按键盘上的方向键或 Tab 键在各单元格间进行切换。

3. 导入 Excel 表格

将 Excel 文件导入 AutoCAD 中的操作步骤：

(1)选中 Excel 中的表格(表格的边框要用细线)→复制(Ctrl＋C)，如图 2-147 所示。

	课程代码	课程名称	周学时	总学时	讲课学时	实验学时	专业名称	课程性质	班级人数	班级名称
	A	B	C	D	E	F	G	H	I	J
1	2012-2013学年第2学期教学任务一览表									
2	课程代码	课程名称	周学时	总学时	讲课学时	实验学时	专业名称	课程性质	班级人数	班级名称
3	M2416009	毕业论文	8.0-0.0	8	0	0	工程监理	实践课	40	土木B1051
4	M2417009	毕业论文（设计）	1.0-0.0	8	0	0	城镇规划	实践课	34	土木B1021
5	M2419009	毕业论文（设计）	1.0-0.0	8	0	0	室内设计技术	实践课	42	土木B1031
6	M2419009	毕业论文（设计）	1.0-0.0	8	0	0	室内设计技术	实践课	39	土木B1032
7	M2416006	毕业论文（设计）	8.0-0.0	8	0	0	工程造价	实践课	43	土木B1061
8	M2416006	毕业论文（设计）	8.0-0.0	8	0	0	工程造价	实践课	43	土木B1062
9	M2416006	毕业论文（设计）	8.0-0.0	8	0	0	工程造价	实践课	43	土木B1063
10	M2416006	毕业论文（设计）	8.0-0.0	8	0	0	工程造价	实践课	42	土木B1064
11	M2416006	毕业论文（设计）	8.0-0.0	8	0	0	工程造价	实践课	38	土木B1065

图 2-147　复制 Excel 文件

(2)返回到 AutoCAD 中，选择"编辑"菜单中的"选择性粘贴"命令后弹出"选择性粘贴"对话框，在"粘贴"选项中选择"AutoCAD 图元"选项，如图 2-148 所示。

图 2-148　"选择性粘贴"对话框

（3）选择插入点，将表格插入 AutoCAD 中，如图 2-149 所示。

2012-2013学年第2学期教学任务一览表								
课程代码	课程名称	周学时	总学时	讲课学时	实验学时	专业名称	课程性质	班级人数	班级名称
M2416009	毕业论文	8.0~0.0	8	0	0	工程监理	实践课	40	土木B1051
M2417009	毕业论文（设计）	1.0~0.0	8	0	0	城镇规划	实践课	34	土木B1021
M2419009	毕业论文（设计）	1.0~0.0	8	0	0	室内设计技术	实践课	42	土木B1031
M2419009	毕业论文（设计）	1.0~0.0	8	0	0	室内设计技术	实践课	39	土木B1032
M2416006	毕业论文（设计）	8.0~0.0	8	0	0	工程造价	实践课	43	土木B1061
M2416006	毕业论文（设计）	8.0~0.0	8	0	0	工程造价	实践课	43	土木B1062
M2416006	毕业论文（设计）	8.0~0.0	8	0	0	工程造价	实践课	43	土木B1063
M2416006	毕业论文（设计）	8.0~0.0	8	0	0	工程造价	实践课	42	土木B1064
M2416006	毕业论文（设计）	8.0~0.0	8	0	0	工程造价	实践课	38	土木B1065

图 2-149　插入之后的效果

（4）插入后会出现表格单元间距不均匀、文字太小、文字没有居中对齐和边框线太粗等问题，因此要对它进行修改。

（5）单击表格左上角，将表格选中（图 2-150）后右击，在弹出的快捷菜单中选择"均匀调整列大小"命令，然后用同样的方法选择"均匀调整行大小"命令（图 2-151）。

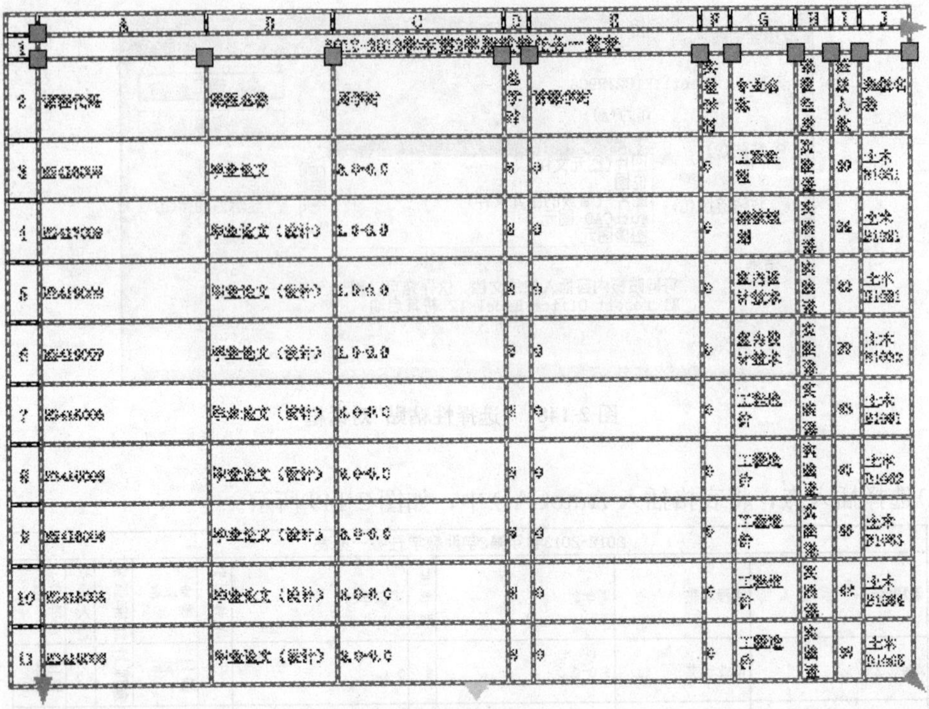

图 2-150　表格选中状态

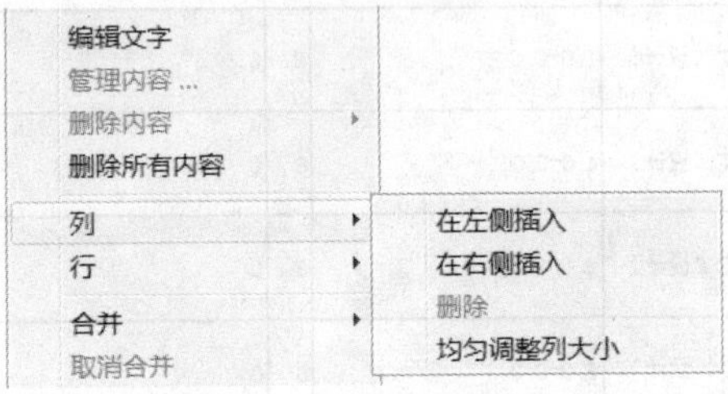

图 2-151　快捷菜单

(6)选中蓝色的夹点直接移动或输入数值均能调整单元格的大小，调整后的效果如图 2-152 所示。

2012-2013学年第2学期教学任务一览表								
课程代码	课程名称	周学时	总学时	讲课学时	实验学时	专业名称	课程性质	班级人数	班级名称
M2416009	毕业论文	8.0~0.0	8	0	0	工程监理	实践课	40	土木B1051
M2417009	毕业论文（设计）	1.0~0.0	8	0	0	城镇规划	实践课	34	土木B1021
M2419009	毕业论文（设计）	1.0~0.0	8	0	0	室内设计技术	实践课	42	土木B1031
M2419009	毕业论文（设计）	1.0~0.0	8	0	0	室内设计技术	实践课	39	土木B1032
M2416006	毕业论文（设计）	8.0~0.0	8	0	0	工程造价	实践课	43	土木B1061
M2416006	毕业论文（设计）	8.0~0.0	8	0	0	工程造价	实践课	43	土木B1062
M2416006	毕业论文（设计）	8.0~0.0	8	0	0	工程造价	实践课	43	土木B1063
M2416006	毕业论文（设计）	8.0~0.0	8	0	0	工程造价	实践课	42	土木B1064
M2416006	毕业论文（设计）	8.0~0.0	8	0	0	工程造价	实践课	38	土木B1065

图 2-152　单元格大小调整后的效果

(7)双击表格左上角可弹出"特性"对话框(图 2-153)，在其中可以调整边框线型、线宽、行高、列宽和颜色等。

图 2-153　"特性"对话框

(8)双击某一单元格中的文字，会弹出"文字格式"工具栏，可设置文字高度、字体、对齐方式等内容，最终效果如图 2-154 所示。

2012-2013学年第2学期教学任务一览表								
课程代码	课程名称	周学时	总学时	讲课学时	实验学时	专业名称	课程性质	班级人数	班级名称
M2416009	毕业论文	8.0~0.0	8	0	0	工程监理	实践课	40	土木B1051
M2417009	毕业论文（设计）	1.0~0.0	8	0	0	城镇规划	实践课	34	土木B1021
M2419009	毕业论文（设计）	1.0~0.0	8	0	0	室内设计技术	实践课	42	土木B1031
M2419009	毕业论文（设计）	1.0~0.0	8	0	0	室内设计技术	实践课	39	土木B1032
M2416006	毕业论文（设计）	8.0~0.0	8	0	0	工程造价	实践课	43	土木B1061
M2416006	毕业论文（设计）	8.0~0.0	8	0	0	工程造价	实践课	43	土木B1062
M2416006	毕业论文（设计）	8.0~0.0	8	0	0	工程造价	实践课	43	土木B1063
M2416006	毕业论文（设计）	8.0~0.0	8	0	0	工程造价	实践课	42	土木B1064
M2416006	毕业论文（设计）	8.0~0.0	8	0	0	工程造价	实践课	38	土木B1065

图 2-154　最终效果

4. 编辑表格

通常表格创建后，需要对表格单元格大小、文字等内容进行修改。AutoCAD 提供了多种编辑方式，包括用"特性"对话框编辑、夹点编辑和下拉菜单编辑等。

下面针对实例来进行讲解(图 2-155)。

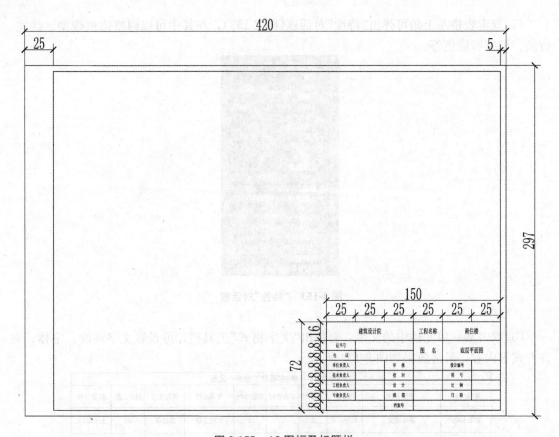

图 2-155　A3 图幅及标题栏

步骤十四 制作 A3 图纸的标题栏。

操作步骤：

1)将"图框和表格"图层设为当前图层。

输入 TS↙；打开表格样式对话框，设置一个名为"标题栏"的表格样式。

在"单元样式"选项组中选择"数据"选项；在下面的"文字"选项中将文字高度设置为 3，在"常规"选项卡中，把"页边距"选项中的"水平"和"垂直"均设置为 1。

确认后返回"表格样式"对话框，将"标题栏"样式置为当前。

输入 TB↙；打开"插入表格"对话框，设置如图 2-156 所示。

在绘图页面空白处指定插入点，将表格插入到文件中。

双击表格左上角弹出"特性"对话框，将"表格高度"设置为 72。

2)将需要处理的单元格框选，即弹出"表格"工具栏(图 2-157)。

3)将需要合并的单元格合并成如图 2-158 所示的效果。

4)双击任意单元格弹出"文字格式"工具栏，在单元格中输入文字，调整文字的大小并把对齐方式设置为"正中"。最后标题栏效果如图 2-159 所示。

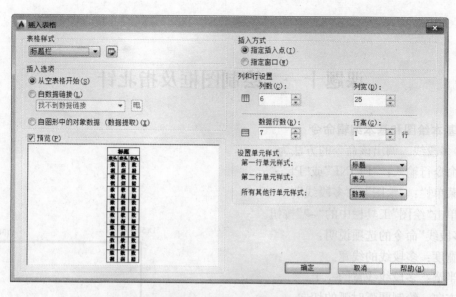

图 2-156　"插入表格"对话框

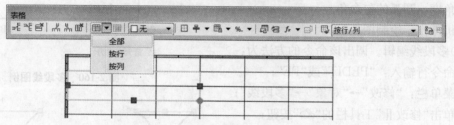

图 2-157　"表格"工具栏中的"合并"选项

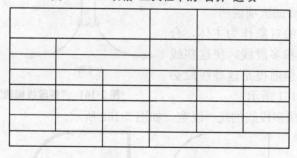

图 2-158　合并之后的效果

建筑设计院		工程名称	商住楼		
证书号		图　名	底层平面图		
电　话					
单位负责人		审　核		设计编号	
技术负责人		校　对		图　号	
工程负责人		设　计		比　例	
专业负责人		描　图		日　期	
		档案号			

图 2-159　标题栏最终效果

课题十一　绘制图框及指北针

1. 基本绘图和基本编辑命令

(1)多段线。调出该命令的方法为：

①命令行输入："PLINE"或"PL"；

②菜单栏："绘图"→"多段线"；

③单击"绘图"工具栏中的"⌐◞"按钮。

"多段线"命令的选项说明：

①宽度：多段线的线宽。

②半宽：多段线线宽的一半。

③方向：绘制圆弧时弧的切向。

④角度：圆弧的包含角。

上机操作：绘制图 2-160。

(2)多段线编辑。调出该命令的方法为：

①命令行输入："PEDIT"或"PE"；

②菜单栏："修改"→"对象"→"多段线"；

③单击"修改Ⅱ"工具栏的"⌯◞"按钮；

④双击已生成的多段线。

"多段线编辑"命令的选项说明：

①合并：以选中的对象作为主体，合并其他的直线、圆弧和多段线，使这些线段成为一条多段线，但前提是这些线段必须首尾相连，如图 2-161 所示。

②宽度：重新生成多段线的统一线宽，如图 2-162 所示。

D(50,300)　　　　　　　C(300,300)

A(50,150)　　　　　　　B(300,150)

注：最大宽度为3。

图 2-160　多段线图例

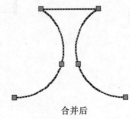

合并前　　　　　　合并后

图 2-161　"多段线编辑"中"合并"选项

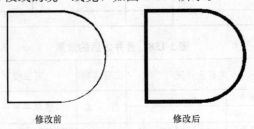

修改前　　　　　　修改后

图 2-162　"多段线编辑"中"宽度"选项

③编辑顶点：选择该项后将进入子命令，如图 2-163 所示，可以针对多段线上的每个顶点进行编辑。

```
[下一个(N)/上一个(P)/打断(B)/插入(I)/移动(M)/重生成(R)/拉直(S)/切向(T)/宽度(W)/退出(X)]
<N>:
```

图 2-163　"多段线编辑"中"编辑顶点"选项

④拟合：用于将指定的多段线生成光滑圆弧连接的圆弧拟合曲线，该曲线经过多段线的各顶点，如图 2-164 所示。

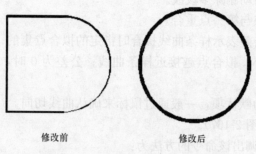

修改前　　　　　　　　修改后

图 2-164　"多段线编辑"中"拟合"选项

⑤样条曲线：将经过多段线的各顶点用作样条曲线，如图 2-165 所示。

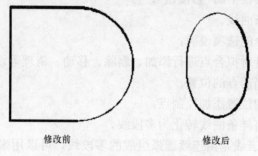

修改前　　　　　　　　修改后

图 2-165　"多段线编辑"中"样条曲线"选项

⑥非曲线化：将多段线中的圆弧转化为直线。

⑦线型生成：当多段线的线型为非实线时，控制多段线线型生成方式。选择"ON"时将在每个顶点处允许以短画线开始或结束生成线型；选择"OFF"时，将在每个顶点处以长画线开始或结束线型，如图 2-166 所示。

修改前　　　　　　　　修改后

图 2-166　"多段线编辑"中"线型生成"选项

(3)样条曲线。调出该命令的方法为：

①命令行输入："SPLINE"或"SPL"；

②菜单栏："绘图"→"样条曲线"；

③单击"绘图"工具栏中的"～"按钮。

"样条曲线"命令的选项说明：

①对象：指通过"多段线编辑"中的"样条曲线"拟合过的多段线能转换为样条曲线后并自动删除多段线。

②闭合：将最后一点与第一点重合。

③拟合公差：拟合公差表示样条曲线拟合时指定的拟合点集的拟合精度。拟合公差越小，拟合点越接近样条曲线；公差为 0 时，样条曲线通过拟合点。

④起点切向：此项为默认项，一般通过鼠标来确认曲线切向。

上机操作：装饰品(图 2-167)。

(4)样条曲线编辑。调出该命令的方法为：

①命令行输入："SPLINEDIT"；

②菜单栏："修改"→"对象"→"样条曲线"；

③单击"修改Ⅱ"工具栏中的"∅按钮"；

④双击已生成的样条曲线。

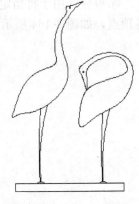

图 2-167　样条曲线图例

"样条曲线编辑"命令的选项说明：

①拟合数据：可以针对拟合点进行添加、删除、移动、清理等设置。

②移动顶点：移动当前点的位置。

③优化：在指定点的位置添加控制点。

④转化为多段线：将样条曲线转化为多段线。

(5)修订云线。修订云线是由连续圆弧组成的多段线，可以用来圈阅要修改的区域或绘制简单的绿化带。调出该命令的方法为：

①命令行输入："REVCLOUD"；

②菜单栏："绘图"→"修订云线"；

③单击"绘图"工具栏中的"♡"按钮。

"修订云线"命令的选项说明：

①弧长：指定组成云线的最大和最小弧长(注意最大弧长不能大于最小弧长的三倍)。

②对象：将封闭的对象转换为云线，其中包括圆、圆弧、多段线、正多边形、矩形和样条曲线等。

③样式：指定云线的样式是普通还是手绘，如图 2-168 所示。

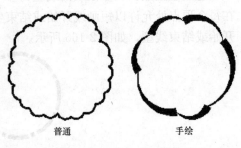

普通　　　　　　手绘

图 2-168　修订云线效果

(6)徒手画线。徒手画线主要是用鼠标定点来绘制图形，类似于画笔的用法。单击一下开始画图，再单击一下将笔提起调整画图的位置。调出该命令的方法为：

命令行输入："SKETCH"。

"徒手画线"命令的选项说明：

①增量：指定每条徒手画线的线段长度。

②记录：指上次增量的长度。

(7)拉伸。拉伸是指以交叉窗口选取的方式，将图形中的部分对象选中，使其形状发生变化，同时保持与未拉伸对象相连。调出该命令的方法为：

①命令行输入："STRETCH"或"S"；

②菜单栏："修改"→"拉伸"；

③单击"修改"工具栏中的" "按钮。

上机操作：用直线、偏移和拉伸命令操作"窗户"（图 2-169）。

操作步骤：

运用矩形、分解和偏移命令绘制图 2-169(a)中的窗户图。

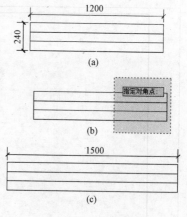

图 2-169　拉伸图例

输入命令：S↙。

从右下角向左上角拖曳鼠标选取部分图形，如图 2-169(b)所示。

输入基点后向右拖曳鼠标，并输入 300，按 Enter 键结束操作，如图 2-169(c)所示。

2. 绘制标准图幅

步骤十五　制作 A3 标准图幅。当整张图画好之后需要将它放在标准的图幅内打印出来。

操作步骤：

1)将"图框和表格"图层设置为当前图层。

输入命令：REC↙；绘制矩形，尺寸为 420×297。

运用分解命令将矩形分成 4 条线段，将其中的三段向内偏移 5，左边的那条线向内偏移 25；然后将多余的部分修剪掉，得到如图 2-170 所示的图幅。

图 2-170　图幅

2)将图 2-155 中的表格利用移动命令放置到图幅中，如图 2-171 所示。将画好图幅以 "A3 图幅"为名保存为 DWG 文件。

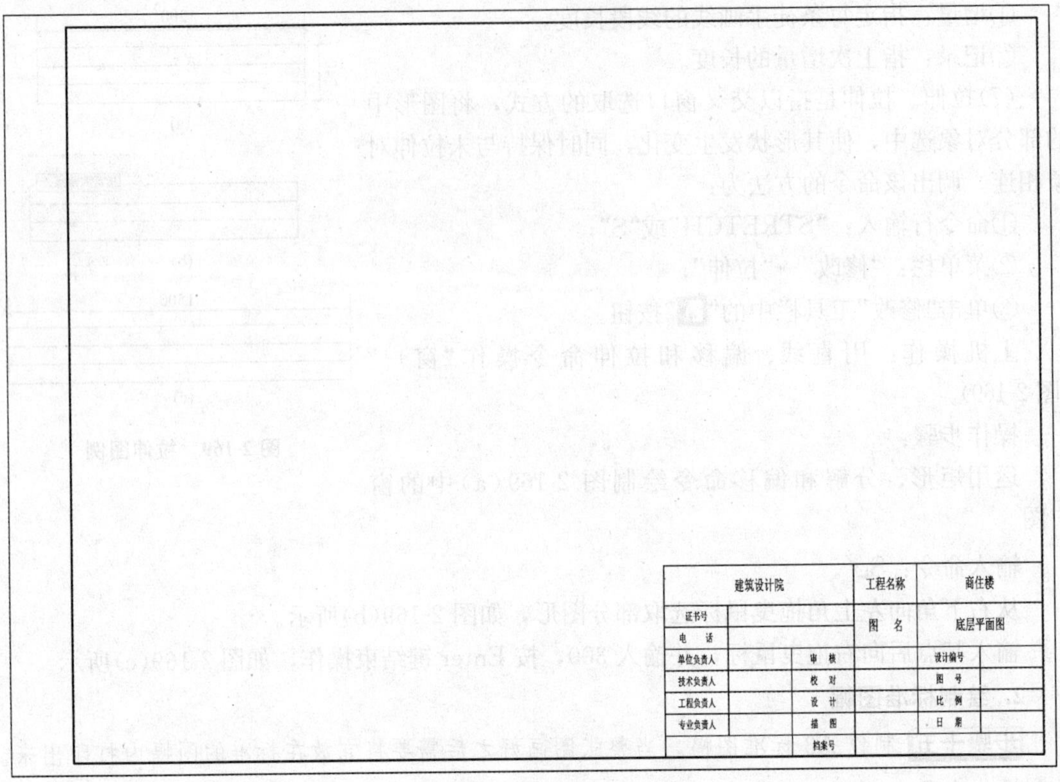

建筑设计院		工程名称	商住楼
证书号		图 名	底层平面图
电 话			
单位负责人	审 核		设计编号
技术负责人	校 对		图 号
工程负责人	设 计		比 例
专业负责人	描 图		日 期
	档案号		

图 2-171　标准图幅完成图

3. 绘制指北针

步骤十六 绘制指北针。为了给看图者标明方向，通常建筑工程图纸中会绘制一个指北针，如图 2-172 所示。

操作步骤：

将"定位轴线符号"图层设置为当前图层。

输入命令：C↙；绘制一个半径为 1 200 的圆。

输入命令：PL↙；选用多段线命令将起点定义在圆底端的象限点处，设置宽度，起点宽度为 300，端点宽度为 0，然后将另一点向圆顶端的象限点处捕捉。

输入命令：DT↙；用单行文字命令在圆正上方输入一个高度为 500 的"北"字(将文字的对正方式设置为"中下")。

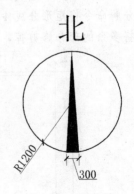

图 2-172　指北针

4. 完成整张图纸的绘制

步骤十七 整合全部图形。

操作步骤：

1）打开"底层平面图""图幅"两个图形文件。

把"图框和表格"图层设置为当前图层。

在"A3 图幅"文件里利用窗口选取法将图幅选中，按快捷键 Ctrl＋C 复制，返回"底层平面图"，并按快捷键 Ctrl＋V 粘贴到图形文件中。

输入命令：SC↙；将图幅放大 100 倍。

将所在底层平面图中的图形全部框选，并移动到图幅中，如图 2-173 所示。

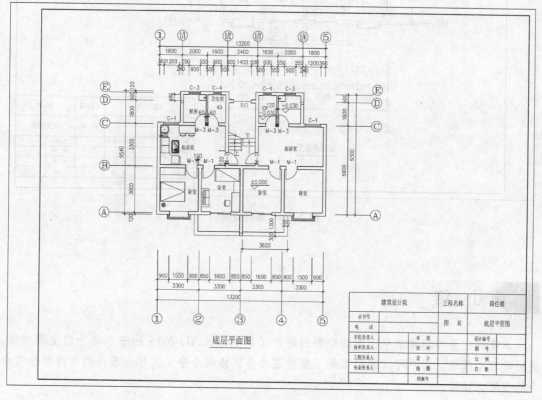

图 2-173　将图形与图幅合并

2）将"文字标注"图层设置为当前图层。

输入命令：DT↙；在图形的下面输入"底层平面图"五个字，字体的高度可根据整体的效果随机调整。

输入命令：L↙；在文字的下面绘制一条与文字长度相同的直线。

用移动命令将指北针放在适当的位置，如图 2-174 所示。完成整张图纸的绘制，保存文件。

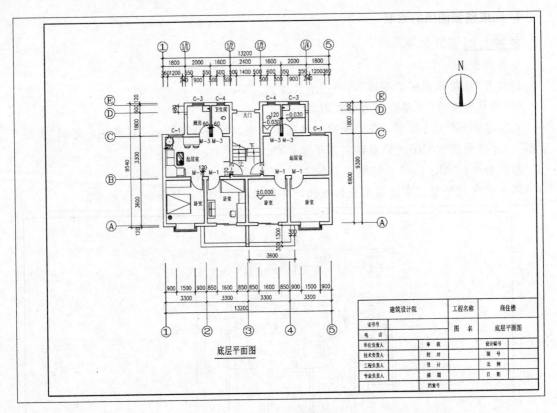

图 2-174　最终效果

小　结

　　本模块主要介绍建筑平面图的绘制过程，了解 AutoCAD 2016 的基本命令的使用方法。通过学习本模块，用户可以通过实例了解绘图命令、修改命令、文字与表格的创建和标注命令的使用方法等。

思考与练习

1. 运用直线、多段线、圆弧、阵列、偏移等命令绘制图 2-175 所示图形。

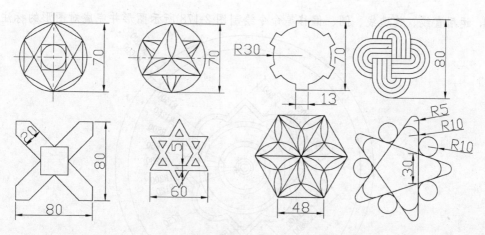

图 2-175

2. 运用矩形、多段线、阵列、镜像等命令绘制图 2-176 所示图形。

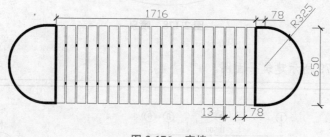

图 2-176　座椅

3. 运用直线、多线、矩形、复制、填充等命令绘制图 2-177 所示图形。

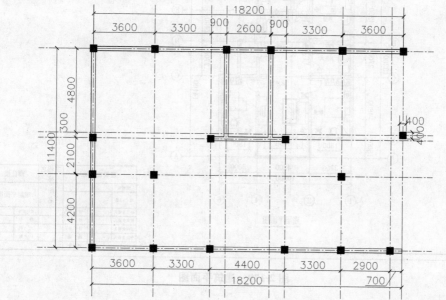

图 2-177　办公楼框架图

4. 运用直线、构造线、圆、偏移等命令绘制图 2-178 所示图形并完成对图形的标注。

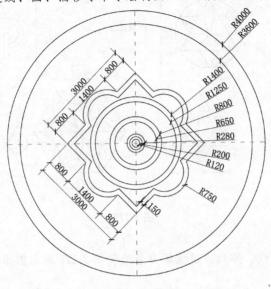

图 2-178　喷泉

5. 绘制图 2-179 所示建筑平面图。

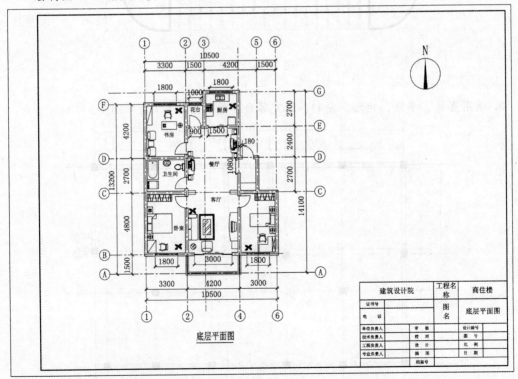

图 2-179　建筑平面图

模块三　AutoCAD 绘制立面图

《 学习重点 》

- 绘制辅助网格。
- 绘制门、窗。
- 图块绘制、插入。
- 立面图尺寸标注。

《 学习目标 》

了解建筑立面图绘制的基本过程；熟悉建立图层、绘制辅助网格、绘制图块、绘制建筑立面图尺寸的方法。

课题一　了解建筑立面图

1. 建筑立面图的概念和命名方式

(1)建筑立面图的概念。建筑立面图是建筑物各个方向的外墙以及可见构配件的正投影图，简称立面图。其形成原理如图 3-1 所示。

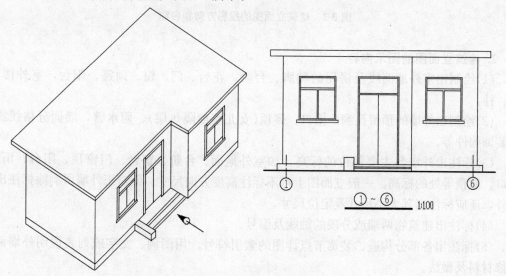

图 3-1　建筑立面图形成原理

建筑立面图主要用来表达墙体外轮廓、门窗(幕墙)、入口台阶、阳台、雨篷、壁柱、檐口、外露楼梯等部分的相对位置及所用材料和做法，它是建筑施工图中控制高度和外墙装饰效果的技术依据。

(2)建筑立面图的命名方式。建筑立面图命名的目的在于能够一目了然识别其立面的位置，因此，各种命名方式都是围绕"明确位置"这一主题来实施的，具体的命名方式有以下三种：

①以相对主入口的位置特征命名，可以将建筑立面图称为正立面图、背立面图、侧立面图。

②以相对地理位置的特征命名，可以将建筑立面图称为南立面图、北立面图、东立面图、西立面图。

③以轴线编号命名，可以将建筑立面图称为①～⑦立面图、⑦～①立面图、A～F立面图以及F～A立面图。根据《建筑制图标准》(GB/T 50104—2010)对定位轴线建筑物的规定，用户应该根据两端定位轴线来标注立面图的名称。没有定位轴线的建筑物可以按照平面图中的各个图形的朝向来确定名称，如东南立面图、西北立面图等。

以上三种命名方式可以参见图3-2。

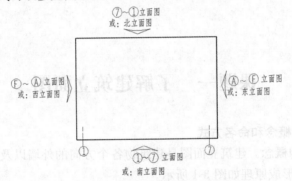

图3-2　建筑立面图的投影方向和名称

2. 建筑立面图的图示内容

(1)绘制出室外地面线及房屋的勒脚、台阶、花台、门、窗、雨篷、阳台，室外楼梯、墙、柱。

(2)绘制出外墙的预留孔洞、檐口、屋顶(女儿墙或隔热层)、雨水管，墙面分格线或其他装饰构件等。

(3)标注出外墙各主要部位的标高，如室外地面、台阶、窗台、门窗顶、阳台、雨篷、檐口、屋顶等处的标高。一般立面图上可不标注高度方向尺寸。但对于外墙留洞除标注出标高外，还应标注出其大小尺寸及定位尺寸。

(4)标注出建筑物两端或分段的轴线及编号。

(5)标注出各部分构造、装饰节点详图的索引符号。用图例、文字或列表说明外墙面的装修材料及做法。

3. 建筑立面图的图示步骤和制图标准

(1)立面图的图示步骤。

①确定定位辅助线:包括墙、柱定位轴线,楼层水平定位辅助线以及其他立面图样的辅助线。

②立面图样绘制:包括墙体外轮廓及内部凸凹轮廓、门窗、入口台阶及坡道、窗台、外楼梯、雨水管等内容。

③标注立面图尺寸及标高。

④绘制索引符号及书面必要的文字说明。

⑤插入图框,完成全图。

(2)立面图的制图标准。

①线型:在立面图中,为使立面图效果逼真,建筑物轮廓突出,通常采用不同的线型来表达不同的对象。室外地坪线采用加粗实线($1.4b$);外墙轮廓线和屋脊线采用粗实线(b);建筑物的转折、立面的室外台阶、窗台、阳台、雨篷、柱子等,均采用中实线($0.5b$)绘制;其他部分的图形、文字说明、标高等则采用细实线($0.25b$)绘制。

②比例:绘制立面图常用比例有 1∶50、1∶100、1∶200,一般采用1∶100。

③定位轴线的编号:在建筑立面图中,一般只绘制两端的轴线,且编号应与平面图中的相对应,以便和平面图对照时确定立面图的看图方向。

④立面标高:立面图中,高度方向的尺寸主要使用标高的形式标注,如室内外地坪、阳台、各楼层地面、窗台等。

⑤详图索引符号:建筑物的细部构造和具体做法常用比较大的比例详图来反映,如檐口、女儿墙等需要标注详图索引符号。

课题二 绘制墙身轮廓线

1. 设置图层、线型

单击"图层"工具栏中的"▩"按钮或在命令行输入"La"并按 Enter 键,打开"图层特性管理器"对话框,设置建筑立面图所需的图层,如图 3-3 所示。

2. 绘制墙身轮廓线

(1)绘制辅助网格。立面图中的各个图形都是比较规整的图形元素,绘制辅助网格的依据是建筑平面图,根据建筑平面图中轴线、墙线、门窗等位置,绘制出辅助网格,为以后的绘图定位提供依据。

操作步骤:

1)将"辅助线"图层设置为当前图层。

2)绘制基准线。在图上绘制一条垂直线和一条水平线作为两条基准定位轴线,同时作为绘制整个辅助网格的基础,一般以地平线作为水平基准,再作出一条垂直线与之正交,这里以图左侧的垂直轮廓线作为垂直基准,如图 3-4 所示。在绘图过程中命令行内容如下:

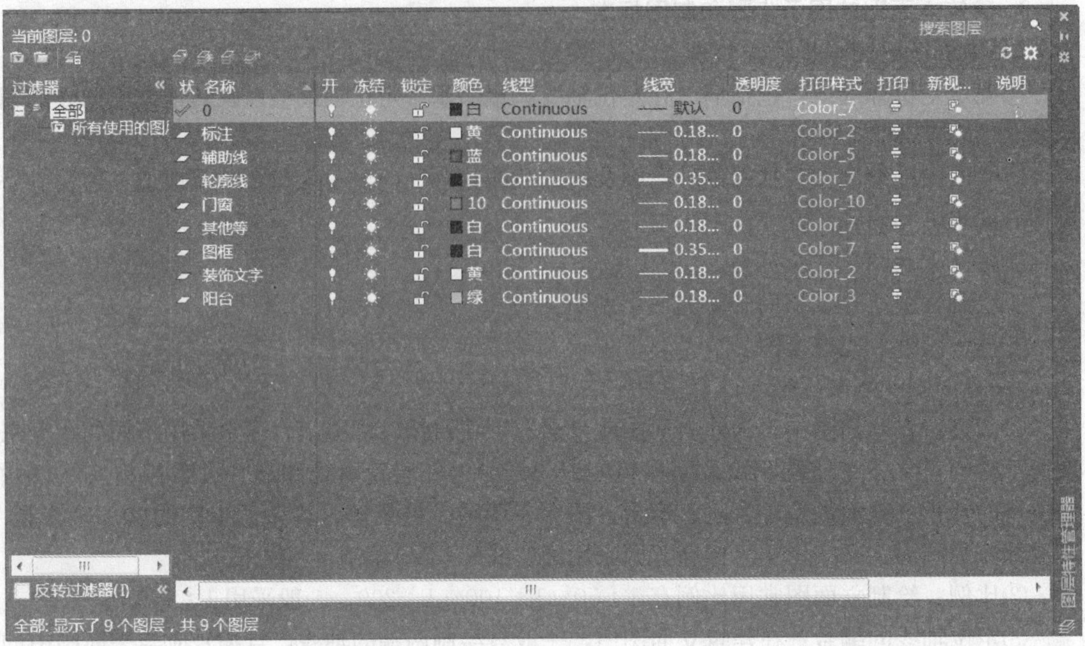

图 3-3　建立图层

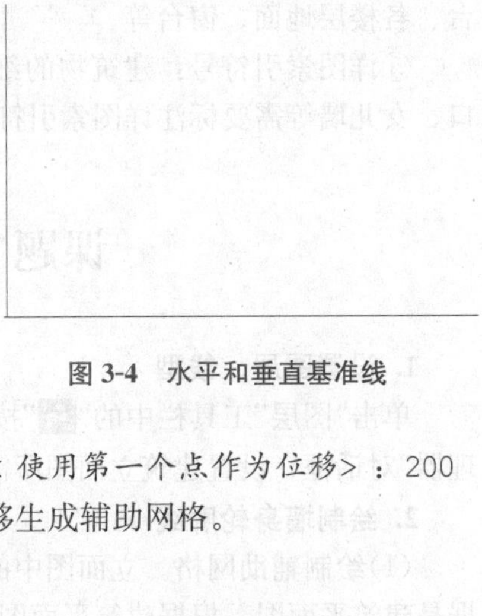

命令：_ line 指定第一点：

指定下一点或[放弃(U)]：32 000

指定下一点或[放弃(U)]：

命令：_ line 指定第一点：

指定下一点或[放弃(U)]：20 050

指定下一点或[放弃(U)]：

命令：_ move

选择对象：指定对角点：找到 1 个

图 3-4　水平和垂直基准线

选择对象：

指定基点或[位移(D)]<位移>：　指定第二个点或<使用第一个点作为位移>：200

(2)生成网格：使用偏移命令，将基准线做一系列偏移生成辅助网格。

1)水平线的偏移。在绘图过程中命令行内容如下：

命令：_ offset

当前设置：删除源＝否　图层＝源　OFFSETGAPTYPE＝0

指定偏移距离或[通过(T)/删除(E)/图层(L)]<通过>：　1 850

选择要偏移的对象，或[退出(E)/放弃(U)]<退出>：

指定要偏移的那一侧上的点，或[退出(E)/多个(M)/放弃(U)]<退出>：

选择要偏移的对象，或[退出(E)/放弃(U)]<退出>：

完成上述步骤，就得到一条水平线，重复上述的步骤，只要每次注意修改偏移距离，即可得到全部的水平线，从水平基准线开始依次往上绘制每条水平线时输入的偏移距离均为

1 400。

2）垂直线的偏移。垂直线的偏移基本与水平线的偏移类似，只是偏移距离有所不同，根据本图特点是正立面图，结合平面图，认真分析偏移距离，仔细检查，以免尺寸发生错误。

经过水平线和垂直线的偏移生成辅助网格线，如图3-5所示。

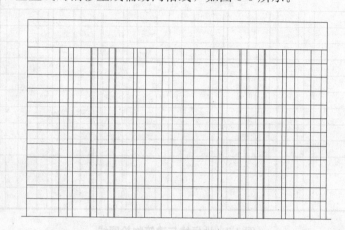

图3-5　辅助网格线

3. 绘制地坪线

建筑立面图的外轮廓用粗实线绘制，操作步骤具体如下。

（1）将当前图层选择为"轮廓线"。"轮廓线"图层中的线型设置为"Continuous"，宽度为粗实线0.35，如图3-6所示。

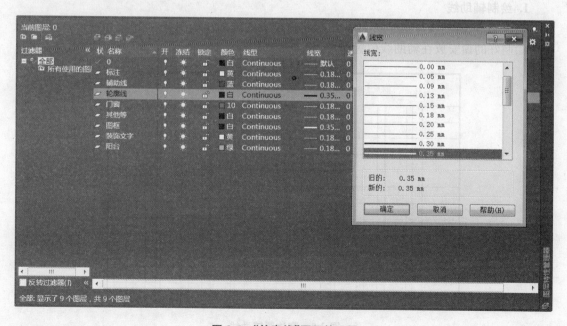

图3-6　"轮廓线"图层的设置

（2）绘制地坪线和建筑物轮廓线。使用"直线"命令绘制地坪线与建筑物轮廓线（其中地坪线采用 0.70 的线宽），结果如图 3-7 所示。

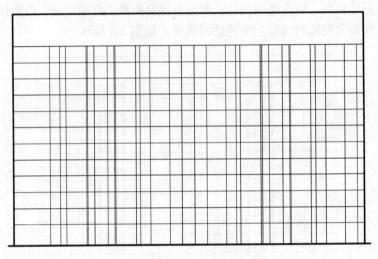

图 3-7　地坪线与建筑物轮廓线

课题三　绘制窗线

1. 绘制辅助线

在课题二"绘制墙身轮廓线"中，已经将窗位置的辅助线绘制好，如图 3-8 所示。现在只需将绘制好的窗安放在辅助线位置即可。

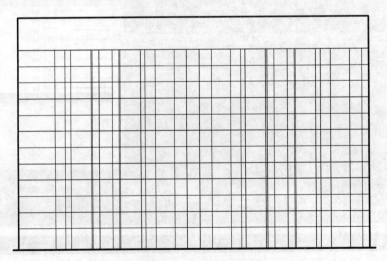

图 3-8　窗位置辅助线

2. 绘制单个窗

窗体是立面图中主要的元素之一。在立面图中，窗户主要反映建筑物的采光状况。

(1)立面图中的窗体绘制方法。在绘制窗户之前，必须先观察立面图上总共有多少种窗户。从建筑物立面图上可以看出，这栋建筑物有4种固定式窗，如图3-9所示，可以分别用矩形和偏移命令绘制。由于4种窗体的样式相同，高度相同，仅宽度不同，绘制的时候可以利用一种窗户进行修改，不必每种都重复绘制。

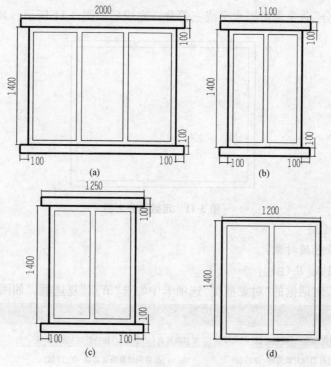

图3-9　窗体尺寸示意图

(2)操作步骤：以图3-9(a)为例进行绘制。

1)选择"门窗"图层作为当前图层。

2)绘制一个长为1 800，宽为1 400的矩形作为窗洞。具体操作如下：

命令：_ rectang

指定第一个角点或[倒角(C)/标高(E)/圆角(F)/厚度(T)/宽度(W)]：

指定另一个角点或[面积(A)/尺寸(D)/旋转(R)]：d

指定矩形的长度< 10.0000> ：1 800

指定矩形的宽度< 10.0000> ：1 400

指定另一个角点或[面积(A)/尺寸(D)/旋转(R)]：

3)使用"偏移"命令绘制窗框，如图3-10所示。

具体操作如下：

命令：_ offset

当前设置：删除源=否　　图层=源　　OFFSETGAPTYPE= 0

图3-10　窗框

指定偏移距离或[通过(T)/删除(E)/图层(L)]< 通过 >： 60

选择要偏移的对象，或[退出(E)/放弃(U)]< 退出 >：

指定要偏移的那一侧上的点，或[退出(E)/多个(M)/放弃(U)]< 退出 >：

4)利用点的定数等分辅助完成窗扇的绘制。先利用"分解"命令将内框矩形分解为直线，然后将内框的水平线三等分，方法为：选择"格式"→"点样式"命令，弹出"点样式"对话框，选择点样式为"⊠"。

运用"定数等分"命令将窗框水平线三等分，完成后如图 3-11 所示。具体操作如下：

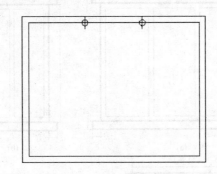

图 3-11　定数等分之后

命令：_ divide

选择要定数等分的对象：

输入线段数目或[块(B)]：3

在"草图设置"对话框的"对象捕捉"选项卡中勾选"节点"复选框，如图 3-12 所示。

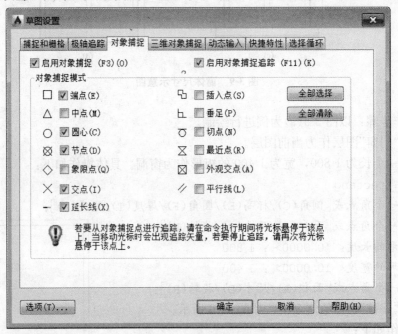

图 3-12　"对象捕捉"选项卡

5)利用"直线"命令绘制窗线,此时建议将状态栏的"极轴"按钮打开,这样可以在画直线的同时捕捉到交点,如图3-13所示。

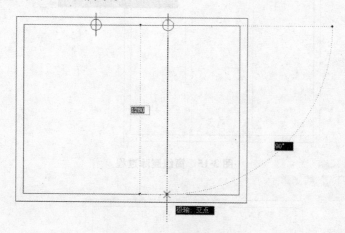

图3-13 利用极轴捕捉交点

6)窗线绘制好以后,再利用"复制"、"删除"以及"修剪"命令,对窗线进行修饰,复制、删除、修剪过程分别如图3-14至图3-16所示。

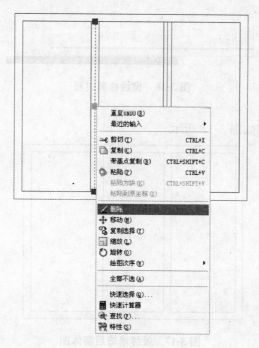

图3-14 窗线复制过程

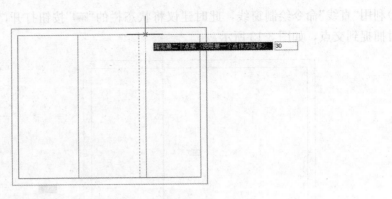

图 3-15　窗线删除过程

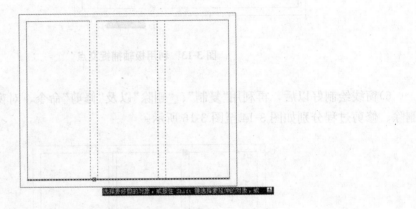

图 3-16　窗线修剪过程

7)最终修饰后窗体图如图 3-17 所示。

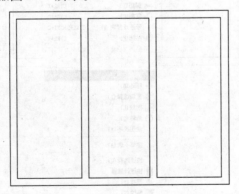

图 3-17　最终修饰后窗体图

8)利用"直线"命令绘制"外挑窗台"，根据工程图的规范要求将窗洞和外挑窗台加粗，利用"特性"工具栏将选择对象的线宽设置为 0.35mm，如图 3-18 所示。

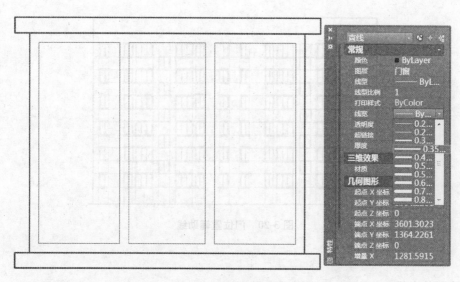

图 3-18　最终完成的窗体

9)通过观察，图 3-9(b)、(c)、(d)的绘制可以参考图 3-9(a)的绘制过程，这里不再赘述。

3. 绘制所有窗

打开窗辅助线网格，找到每种窗户所在的位置，利用"复制"命令将单个的窗户插入到立面图中，如图 3-19 所示。

图 3-19　利用复制命令绘制所有窗

课题四　绘制门

1. 绘制辅助线

在课题二"绘制墙身轮廓线"中，已经将门位置的辅助线绘制完成，如图 3-20 所示。只需将绘制好的门复制到辅助线位置上即可。

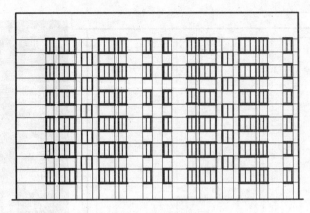

图 3-20　门位置辅助线

2. 绘制单个门

门的绘制与窗的绘制如出一辙，也是先绘制门洞，然后绘制一扇门作为模板，其他相同的门可以利用模板复制出来。

在本课题中，只有一种门，如图 3-21 所示。先用"矩形"命令绘制出门框和台阶，再用"偏移"命令绘制出内框线，然后用"分解"命令分解内框线，最后用"复制"命令，可得门扇分界线。

3. 绘制所有门

完成单个的门绘制后，查找门辅助线网格中的每个门的位置，通过"复制"命令得到立面图中的所有门，效果如图 3-22 所示。

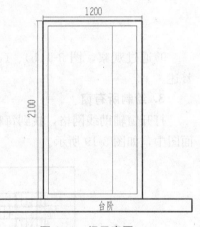

图 3-21　门示意图

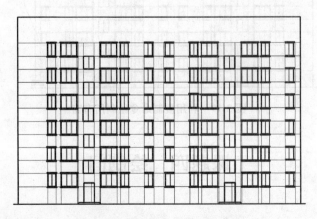

图 3-22　绘制完成所有门示意图

课题五　绘制屋顶及室外设施

在绘制本课题内容时，一般先将前面所绘制的门窗辅助线删除，重新勾画立面装饰线等。

1. 绘制屋顶

本立面图中屋顶为坡屋顶，屋面为瓦屋面，立面上线条较多，间距均匀，可以使用阵列命令绘制。

操作步骤：

(1)观察屋顶平面图，屋檐宽度为300，使用"偏移"命令，分别将两端山墙向内偏移复制300，然后利用标高计算出檐口底部下端线位置，运用"偏移"命令自顶部向下偏移复制2 300，绘制好的图形如图3-23所示。具体操作如下：

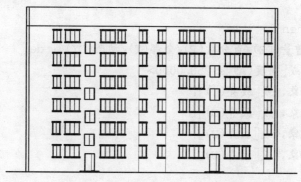

图3-23　偏移复制两端山墙线、屋脊线

```
命令：_ offset
当前设置：删除源= 否　图层= 源　OFFSETGAPTYPE= 0
指定偏移距离，或[通过(T)/删除(E)/图层(L)]< 通过>：　300
选择要偏移的对象，或[退出(E)/放弃(U)]< 退出>：
指定要偏移的那一侧上的点，或[退出(E)/多个(M)/放弃(U)]< 退出>：
选择要偏移的对象，或[退出(E)/放弃(U)]< 退出>：
指定要偏移的那一侧上的点，或[退出(E)/多个(M)/放弃(U)]< 退出>：
选择要偏移的对象，或[退出(E)/放弃(U)]< 退出>：
命令：_ offset
当前设置：删除源= 否　图层= 源　OFFSETGAPTYPE= 0
指定偏移距离，或[通过(T)/删除(E)/图层(L)]< 300.0000>：　2 300
选择要偏移的对象，或[退出(E)/放弃(U)]< 退出>：
指定要偏移的那一侧上的点，或[退出(E)/多个(M)/放弃(U)]< 退出>：
选择要偏移的对象，或[退出(E)/放弃(U)]< 退出>：
```

(2)利用"拉长"命令，将两端山墙顶部屋檐线向上延伸 250，形成屋脊处屋檐顶部线，然后将图中形成的屋檐底部的上端线向上偏移 400，形成屋脊底部的上端线，再利用"直线"和"修剪"命令对图形进行处理。最后形成的屋顶、檐口线如图 3-24 所示。具体操作如下：

图 3-24　修改后的屋顶、檐口线

命令：_ lengthen
选择对象，或[增量(DE)/百分数(P)/全部(T)/动态(DY)]：de
输入长度增量，或[角度(A)]< 250.0000>：
选择要修改的对象，或[放弃(U)]：
选择要修改的对象，或[放弃(U)]：
选择要修改的对象，或[放弃(U)]：
选择要修改的对象，或[放弃(U)]：
命令：_ offset
当前设置：删除源=否　图层=源　OFFSETGAPTYPE= 0
指定偏移距离，或[通过(T)/删除(E)/图层(L)]< 2000.0000>：　400
选择要偏移的对象，或[退出(E)/放弃(U)]< 退出>：
指定要偏移的那一侧上的点，或[退出(E)/多个(M)/放弃(U)]< 退出>：
选择要偏移的对象，或[退出(E)/放弃(U)]< 退出>：

(3)将坡屋顶瓦接边界流水线按照瓦的搭接宽度确定，一般采用的宽度为 200。具体操作如下：
1)使用"直线"命令，绘制一条自左端山墙屋顶内侧距边为 200 的瓦流水线。
2)用"阵列"命令画出瓦接边流水线。具体操作如下：
命令：_ arrayrect
选择对象：找到 1 个
类型 = 矩形 关联 = 否
选择夹点以编辑阵列或[关联(AS)/基点(B)/计数(COU)/间距(S)/列数(COL)/行数(R)/层数(L)/退出(X)]< 退出>：cou
输入列数数或[表达式(E)]< 4>：153
输入行数数或[表达式(E)]< 3>：1
选择夹点以编辑阵列或[关联(AS)/基点(B)/计数(COU)/间距(S)/列数(COL)/行数(R)/

层数(L)/退出(X)] < 退出 > : s

　　指定列之间的距离或 [单位单元(U)] < 1> : 200

　　指定行之间的距离 < 300> : 1

　　选择夹点以编辑阵列或 [关联(AS)/基点(B)/计数(COU)/间距(S)/列数(COL)/行数(R)/

层数(L)/退出(X)] < 退出 > :

　　最终得到如图 3-25 所示的坡屋顶瓦流水线。

图 3-25　坡屋顶瓦流水线

2. 绘制装饰线

　　本立面图中墙体立面装饰刷浅蓝色涂料,在楼层分隔处设有水平装饰线,在墙面凹凸变化处也设有分界线。

　　操作步骤:

　　(1)绘制每层之间水平分隔贯通的装饰线。水平分隔贯通的装饰线为两条平行线,线宽为 100,装饰线的上边线标高恰在每层楼板顶面高度处。

　　设置好多线样式,使用"多线"命令,在首层楼板顶面标高处绘制多线,即距离地坪线高度为 3 750。用"分解"命令将多线分解,删除与窗户交界处,再用"复制"命令绘制出其他层的水平分隔贯通装饰线和首层墙面的装饰线。最后绘制好的水平分隔贯通装饰线如图 3-26 所示。

图 3-26　水平分隔贯通装饰线

(2)绘制墙面凹凸变化处分界线。根据平面图相关信息，立面图中墙面凹凸变化共有 4 处，其中 3 处在绘制辅助线时已经绘出，在前面的图形中可以看见，现在只需将这 3 处的线形加粗；另外一处在离左边山墙 2 500 处，利用"直线"命令进行绘制。绘制好的图形如图 3-27 所示。

图 3-27　墙面凹凸变化处分界线

3. 绘制雨水管

根据屋顶排水布置图的要求，雨水管在立面上分为雨水斗和雨水管，本立面图上共有 4 根雨水管自六层屋檐下方 50 的位置伸至室外散水上方 100 结束，4 根雨水管的位置分别在距墙面凹凸变化处 250 的位置。

操作步骤：

(1)绘制雨水管。雨水管利用"多线"绘制，多线间距设置为 100，在距左端第一条竖向墙体凹凸变化分界线左边 250 处，绘制一条多线，即为第一根雨水管。

(2)绘制雨水管线。雨水斗利用"矩形"命令绘制，先绘制一个矩形，长和宽都为 150，然后将矩形填充为黑色。通过"移动""修剪"命令以及绘制辅助线，让雨水管线顶部从距屋檐下方 50 处伸至室外散水上方 100 处，使雨水斗下端中点与雨水管顶部中点重合。再利用"复制"命令，完成剩下 3 个雨水管线的绘制，绘制好的雨水管线如图 3-28 所示。

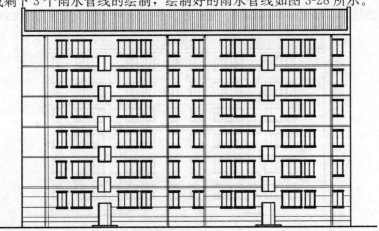

图 3-28　雨水管线

课题六　标注标高

1. 图块的创建和插入

在建筑工程制图中，有许多图形对象（如门、窗、标高符号和定位轴线符号等）需要大量重复运用，可以将它们定义成图块以方便操作。

图块是将众多小图形组合在一起所形成的图形对象集合。根据绘图需要可以将块插入到任意指定位置，还能对它们进行缩放、镜像和旋转等操作。图块除了起到方便绘图的作用以外，还能在一定程度上节省存储空间。

（1）创建块（块定义）。"块定义"又称内部块，通过块定义创建的图块只能在当前文件当中使用，不能插入到别的文件中。"块定义"对话框如图 3-29 所示。

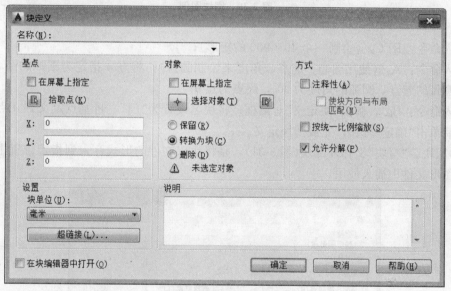

图 3-29　"块定义"对话框

1)调出"块定义"对话框的方法为：

①命令行输入："BLOCK"或"B"；

②菜单栏："绘图"→"创建块"；

③单击"绘图"工具栏中的"🔲"按钮。

2)"块定义"对话框选项说明：

①名称：用于设置块的名称。最多不能超过 255 个字符，其中可以包括字母、数字和空格。

②基点：指定块插入的基点位置。可以返回到绘图页面中拾取，也可以输入坐标来确定。

③对象：用来选取组成块的对象。

④方式：设置块的显示方式。其中包括是否按统一比例缩放和变成块后能否被分解。

⑤设置：设置块的单位和超链接。

⑥说明：对创建的块用文字表述。

上机操作：用矩形、圆弧和块定义命令绘制"门"（图 3-30）。具体操作如下：

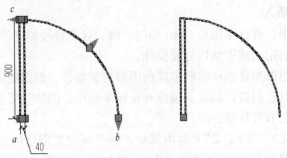

图 3-30　图块图例

输入命令：REC↙（绘制一个 40×900 的矩形）；

输入命令：A↙（使用圆心、起点、角度来绘制圆弧）；将点 a 指定为圆弧的圆心，点 c 指定为圆弧的起点，圆弧的角度为 90°，终点为点 b；

输入命令：B↙，弹出"块定义"对话框；将块名设置为"门"，将基点定义到 a 点，拾取整个门后单击"确定"按钮，完成图块定义。

（2）写块。"写块"又称外部块（图 3-31），是将块以文件的形式存入到指定位置中，可以在任何图形文件中插入使用。

图 3-31　"写块"对话框

1)调出"写块"对话框的方法：

命令行输入："WBLOCK"或"W"。

2)"写块"对话框选项说明：

①源：确定组成外部块的对象。其中，块：将已创建的内部块转换为外部块；整个图形：将整个图形对象全部选中，并转换成外部块；对象：根据需要选择图形中的某个或某几个对象，并转换成外部块。

②目标：指定保存的路径和文件名。

(3)插入块。图块创建好后，便可插入到图形中使用。"插入"对话框如图 3-32 所示。

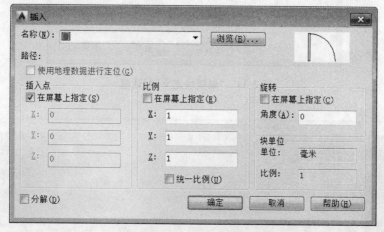

图 3-32 "插入"对话框

1)调出"插入"对话框的方法为：

①命令行输入："INSERT"或"I"；

②菜单栏："插入"→"块"；

③单击"绘图"工具栏中的" "按钮。

2)"插入"对话框选项说明：

①插入点：指定块在图形当中插入的位置。可以在屏幕上指定，或直接输入坐标值来确定。

②比例：指定块插入到图形当中的缩放比例。

③旋转：指定块插入到图形当中的旋转角度。

④分解：勾选该复选框后插入块自动分解成基本对象。

(4)编辑图块。通过"编辑块定义"对话框，可以重新编辑已经创建好的块文件，并能将块编辑生成动态块，如图 3-33 所示。调出"编辑块定义"对话框的方法为：

1)命令行输入："BEDIT"或"BE"；

2)菜单栏："工具"→"块编辑器"；

3)单击"标准"工具栏中的" "按钮。

只需要在"编辑块定义"对话框中输入块名称，就可以进入块编辑窗口，如图 3-34 所示。

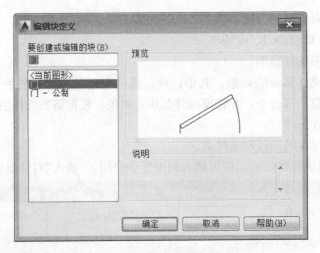

图 3-33 "编辑块定义"对话框

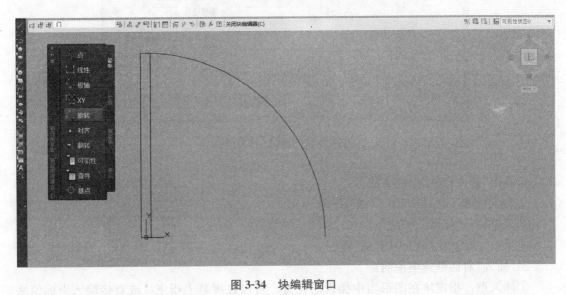

图 3-34 块编辑窗口

(5)定义块属性。块属性是指随着块插入的一些附加信息,如文字、编号等,如图 3-35 所示。

1)调出块"属性定义"对话框的方法:

①命令行输入:"ATTDEF"或"ATT";

②菜单栏:"绘图"→"块"→"定义属性"。

2)块"属性定义"对话框选项说明:

①模式。

不可见:确定插入块时是否可见;

固定:勾选后属性值不可变;

验证:插入块时是否校验属性值;

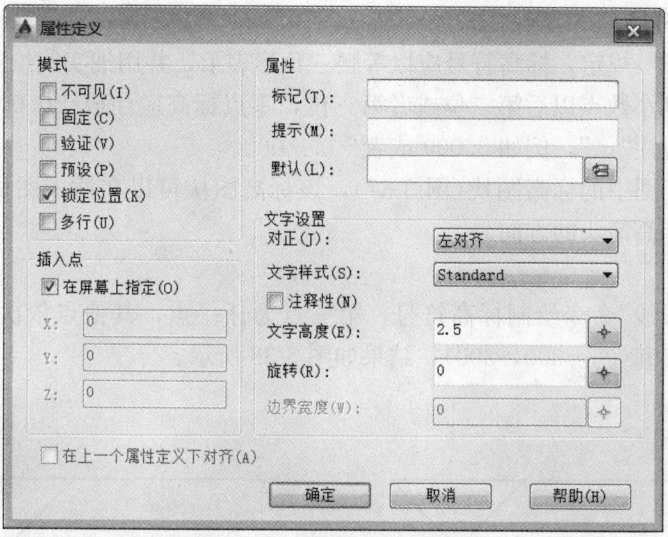

图 3-35　"属性定义"对话框

预设：确定是否将预设值设置为默认值，如果勾选将不再设置属性值；

锁定位置：如果未勾选，插入块后可利用夹点改变属性的位置；

多行：指定属性值是否包括多行文字。

②属性。

标记：标识图形中每次出现的属性；

提示：指定在插入该属性的块时出现的提示信息；

默认：设置默认属性值。

③文字设置：主要设置文字的对正方式、文字样式、文字高度和旋转角度。

上机操作：定位轴线符号（详解见模块二/课题九/5）。

当用户需要修改块的属性时，可以双击这个图块，打开"增强属性编辑器"对话框，如图 3-36 所示。在此对话框中能重新设置属性值、文字的高度、对齐方式、所在图层等。

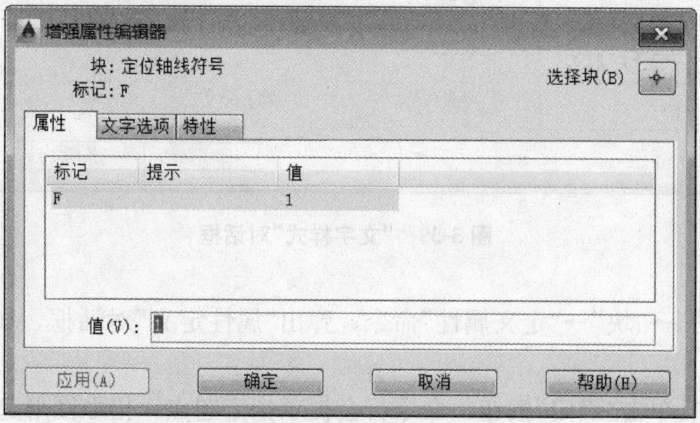

图 3-36　"增强属性编辑器"对话框

2. 制作标高符号

《建筑制图标准》规定，标高符号应以等腰三角形表示，并用细实线绘制，标高数字应以 m 为单位，注写到小数点以后第二位或者第三位，零点标高应注成±0.000，正数标高不注 "＋"，负数标高应注"－"，例如 3.000 或者－0.6 000。

下面创建立面图中的标高图块(图 3-37)，该标高图块可以在插入图块时输入具体标高值，还可以改变标高箭头的方向。

操作步骤：

(1)使用"多段线"命令绘制标高符号，第一点为任一点，其他点依次为((@1 500，0)、(@－300，－300)和(@－300，300)，结果如图 3-38 所示。

图 3-37　标高符号　　　　　　　图 3-38　绘制标高图形

(2)选择"格式"→"文字样式"命令，弹出"文字样式"对话框，单击"新建"按钮，将新建的文字样式选为"立面图文字"，设置字体、高度和宽度因子，如图 3-39 所示。

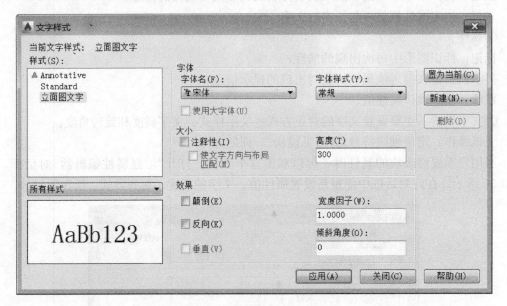

图 3-39　"文字样式"对话框

(3)选择"绘图"→"块"→"定义属性"命令，弹出"属性定义"对话框，如图 3-40 所示，设置相关参数。

(4)设置完成后单击"确定"按钮，命令行会提示指定起点，拾取图形起点为文字插入点，如图 3-41 所示。

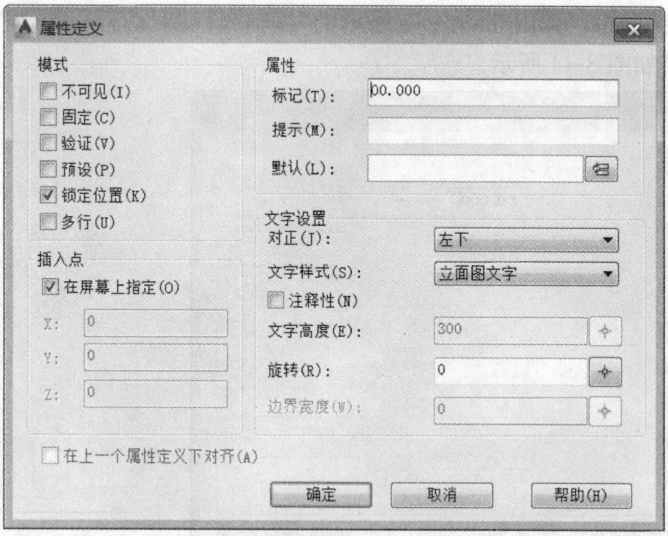

图 3-40 "属性定义"对话框

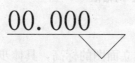

图 3-41　创建属性

（5）创建图块，建筑工程图中都会有标高标注，所以将"标高"创建为外部块保存，如图 3-42 所示，定义图块名称为"标高"，基点为三角形的下点。

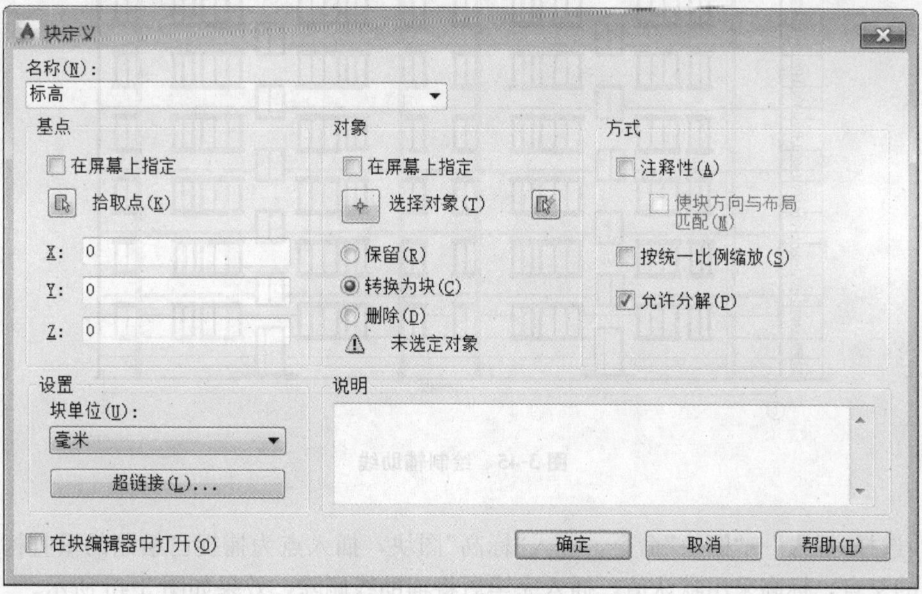

图 3-42　创建"标高"图块

(6)单击"确定"按钮，弹出如图 3-43 所示的"编辑属性"对话框，单击"确定"按钮，完成图块的创建，效果如图 3-44 所示。

图 3-43 "编辑属性"对话框   图 3-44 完成标高图块的创建

3. 进行标高标注

利用创建好的标高图块来创建立面图的标高，具体步骤如下：

(1)切换到"辅助线"图层，执行"构造线"命令，通过屋顶、窗线、楼层等几个主要高度绘制水平构造线，并绘制一条垂直构造线作为标高插入点，效果如图 3-45 所示。

图 3-45 绘制辅助线

(2)选择"插入"→"图块"命令，插入"标高"图块，插入点为捕捉已绘制的垂直构造线与地坪线的交点，标高采用默认值，插入完毕后将辅助线删除，效果如图 3-46 所示。

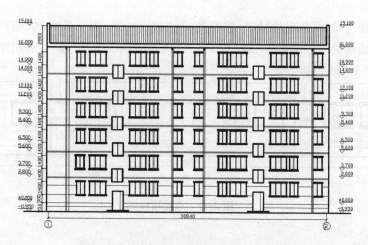

图 3-46　完成标高标注的①—⑫轴立面图

4. 标注立面详细尺寸

立面图标注主要是为了标注建筑物的竖向高度，应该显示出各主要构件的位置和标高，例如室外地坪标高、门窗洞标高及一些局部尺寸等。

操作步骤：

(1)将当前图层设置为"标注"图层，在"标准"工具栏中右击，在弹出的快捷菜单中选择"标注"选项，从而打开"标注"工具栏，如图 3-47 所示，在"标注样式控制"下拉列表中选择样式，本部分采用之前在平面图中所设置的样式进行标注。

图 3-47　"标注"工具栏

(2)用"线性标注"和"连续标注"命令，创建尺寸标注，在此过程中要绘制辅助线，最后效果如图 3-48 所示。

图 3-48　添加尺寸标注

（3）绘制轴线符号（详解见模块二/课题九/7/步骤十三）。插入定位轴线符号①，选择"复制"命令复制此轴线符号，双击中心数字"1"，改成相应轴线编号"⑫"，绘制完成定位轴线符号，效果图如图 3-49 所示。

图 3-49　添加轴标

课题七　外部参照和设计中心

1. 外部参照

外部参照与块有相似的地方，但它们的主要区别是：一旦插入了块，该块就永久性地插入到当前图形中，成为当前图形的一部分；而外部参照方式将图形插入到某一图形（称之为主图形）后，被插入图形文件的信息并不直接加入到主图形中，只是记录参照的关系，比如参照图形文件的路径等信息。另外，对主图形的操作不会改变外部参照图形文件的内容。当打开具有外部参照的图形时，系统会自动把各外部参照图形文件重新调入内存并在当前图形中显示出来。

（1）附着外部参照。利用"外部参照"对话框可以将图形文件以外部参照的形式插入到当前图形中，如图 3-50 所示。调出该对话框的方法为：

图 3-50　"外部参照"对话框

1）命令行输入："EXTERNALREFERENCES"；

2）菜单栏："插入"→"外部参照"。

（2）插入 DWG、DWF、DGN 参考底图。在 AutoCAD 最新版本中新增了插入 DWG、DWF、DGN 参考底图的功能，该类功能和附着外部参照功能相同，如图 3-51 所示。

（3）管理外部参照。在 AutoCAD 中，用户可以在"外部参照"对话框中对外部参照进行编辑和管理。用户单击选项板上方的"附着"按钮，可以添加不同格式的外部参照文件。在选项板下方的外部参照列表框中显示当前图形中各个外部参照文件名称。选择任意一个外部参照文件后，在下方"详细信息"选项区域中显示该外部参照的名称、加载状态、文件大小、参

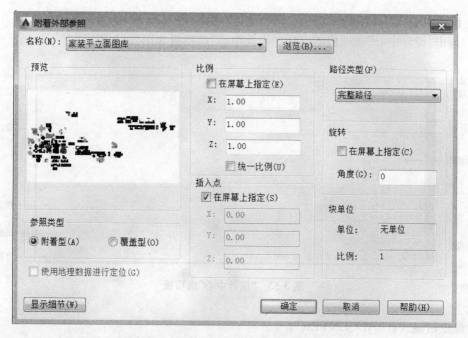

图 3-51　DWG、DWF、DGN 参考底图功能

照类型、参照日期及参照文件的存储路径等内容。

　　(4)参照管理器。Autodesk 参照管理器提供了多种工具，列出了选定图形中的参照文件，可以修改保存的参照路径而不必打开 AutoCAD 中的图形文件。选择"开始"→"所有程序"→"Autodesk"→"AutoCAD 2016-简体中文（Simplified Chinese）"→"参照管理器"命令，打开"参照管理器"窗口，如图 3-52 所示，可以在其中对参照文件进行处理，也可以设置参照管理器的显示形式。

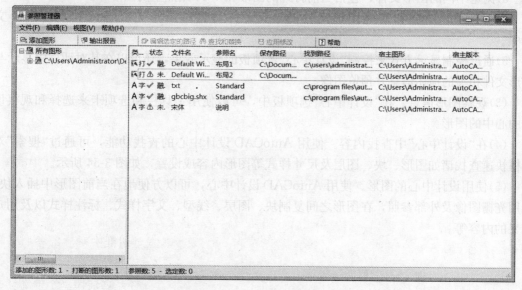

图 3-52　"参照管理器"窗口

2. 设计中心

(1)调出"设计中心"选项板的方法("设计中心"选项板如图 3-53 所示):

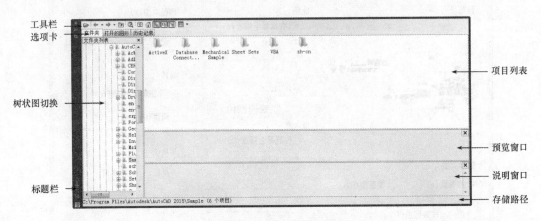

图 3-53 "设计中心"选项板

1)命令行输入:"ADCENTER";

2)菜单栏:"工具"→"选项板"→"设计中心";

3)单击"标准"工具栏中的"▦"按钮;

4)按快捷键:Ctrl＋2。

(2)AutoCAD 设计中心的功能。AutoCAD 设计中心能够完成如下操作:

1)创建频繁访问的图形、文件夹和 Web 站点的快捷方式。

2)根据不同的查询条件在本地计算机和网络上查找图形文件,找到后可以将它们直接加载到绘图区或设计中心。

3)浏览不同的图形文件,包括当前打开的图形和 Web 站点上的图形库。

4)查看块、图层和其他图形文件的定义,并将这些图形定义插入到当前图形文件中。

5)通过控制显示方式来控制"设计中心"选项板的显示效果,还可以在其对话框中显示与图形文件相关的描述信息并预览图像。

(3)观察图形信息。在"设计中心"选项板中,可以使用工具栏和选项卡来选择和观察设计中心中的图形。

(4)在"设计中心"中查找内容。使用 AutoCAD 设计中心的查找功能,可通过"搜索"对话框快速查找诸如图形、块、图层及尺寸样式等图形内容或设置,如图 3-54 所示。

(5)使用设计中心的图形。使用 AutoCAD 设计中心,可以方便地在当前图形中插入块,引用光栅图像及外部参照,在图形之间复制块、图层、线型、文字样式、标注样式以及用户定义的内容等。

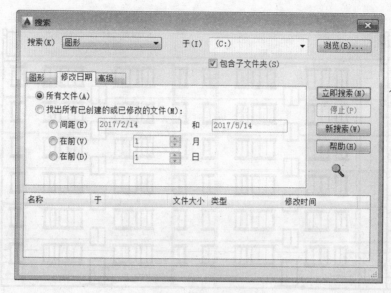

图 3-54　"搜索"对话框

课题八　完成立面图绘制

1. 绘制图名、比例和图中的文字

在标准的建筑立面图中一般会标注出图名、比例、材质和做法以及详图索引等其他必要的文字说明。例如在本例中，正立面墙面的做法是 1∶3 水泥砂浆抹面 20 厚，刷浅蓝色涂料，这些都应该在立面图中标出。

操作步骤：

(1)将当前图层设置为"装饰文字"图层。

(2)选择"直线"命令，以墙面上任意一点为第一点，垂直方向上屋顶外一点为第二点，水平方向右侧为第三点，这三点对于尺寸没有具体要求。

(3)选择"格式"→"文字样式"，新建样式名为"立面图文字"，字体名为"仿宋"，宽度因子为"0.7"。

(4)选择"绘图"→"单行文字"，选择"立面图文字"为文字样式，输入单行文字，效果如图 3-55所示。

具体操作如下：

命令：_ dtext

当前文字样式：　立面图文字　当前文字高度：　400.0000

指定文字的起点或[对正(J)/样式(S)]：'_ style

正在恢复执行 DTEXT 命令。

指定文字的起点或[对正(J)/样式(S)]：s

输入样式名或[?]< 立面图文字>：

图 3-55　创建文字后的立面图形

当前文字样式：　　立面图文字　当前文字高度：　　400.0000
指定文字的起点或［对正(J)/样式(S)］：
指定文字的旋转角度<0>：

2. 绘制立面图中的文字

在图的正下方绘制一条加粗直线，选择"立面图文字"为文字样式，调出"单行文字"命令，输入图名和比例，文字大小根据图的大小而定，效果如图 3-56 所示。

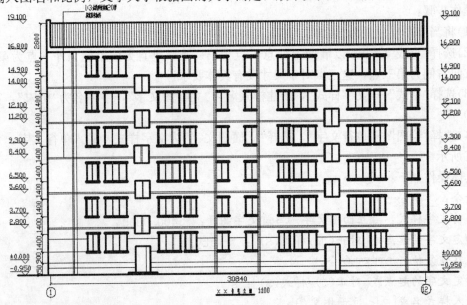

图 3-56　立面图形

3. 插入图框

使用已经建好的 A3 图幅插入到图中。操作步骤如下：

(1)选择"插入"→"块"命令，弹出"插入"对话框，如图 3-57 所示。

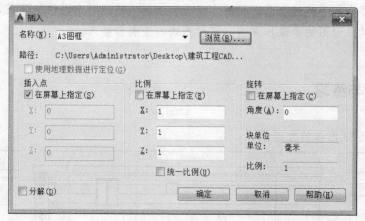

图 3-57 "插入"对话框

(2)单击"浏览"按钮，在相应位置找到"A3 图幅"文件，以"在屏幕上指定"插入点的方式插入图幅后完成，最后效果如图 3-58 所示。

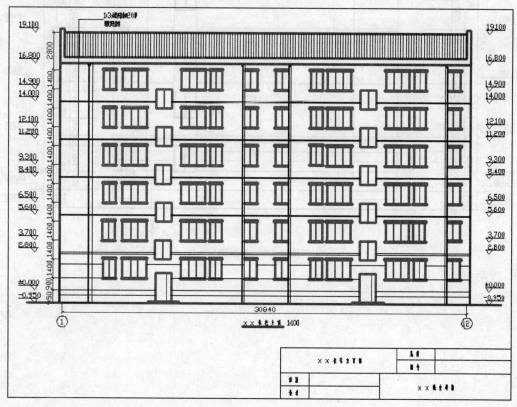

图 3-58 建筑立面图最终效果

小　结

　　本模块主要介绍了建筑立面图的基本概念和绘制。通过对本模块的学习，用户可以全面地掌握绘制建筑立面图的步骤和方法，掌握图块的绘制和插入。

思考与练习

　　绘制如图 3-59 所示的立面图。

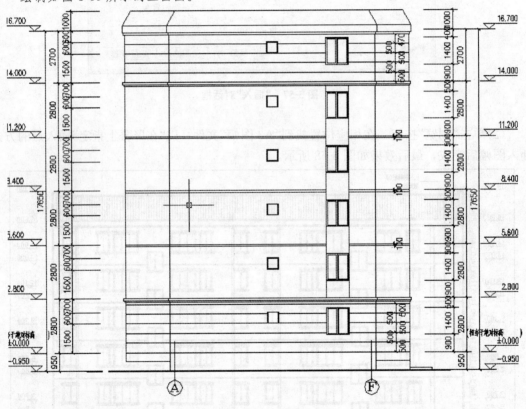

图 3-59　立面图

模块四 AutoCAD 绘制剖面图与查询图形信息

《 学习重点 》

- 剖面图绘制要求。
- 剖面图绘制步骤。
- 距离查询。
- 面积查询。

《 学习目标 》

运用 AutoCAD 绘制建筑剖面图的方法和步骤，通过绘制某一办公楼剖面图，全面掌握轴线、墙线、梁板、门窗、剖面楼梯、屋顶的画法及剖面图标注方法，了解系统查询命令的使用。

课题一　建筑剖面图概述

建筑剖面图是与平面图和立面图相互配合表达建筑物的重要图样。在绘制建筑剖面图之前，首先应了解一些建筑剖面图的相关知识，以便能更好地绘制出建筑剖面图。

1. 建筑剖面图的含义

建筑剖面图是建筑物的垂直剖面图，是用一个假想的平行于正立投影面或侧立投影面的垂直剖切面剖开房屋，挪去剖切面与观察者之间的部分，将剩余的部分按剖面方向朝投影面作正投影所得到的图样，如图 4-1 所示。建筑剖面图主要用来表示建筑物在垂直方向上各部分的形状、尺度和组合关系，以及在建筑物剖面位置的层数、层高、结构形式和构造方法等。

在施工过程中，建筑剖面图是进行分层、砌筑内墙、铺设楼板、屋面板、楼梯及内部装饰等的依据。建筑剖面图是与建筑平立面图相互配套的，都是表达建筑物整体概况的基本图样。

建筑剖面图的剖切位置来源于建筑平面图，一般选在平面或组合中不易表示清楚并较为复杂的部位，并且能够通过建筑物的门、窗洞。剖切平面一般应平行于建筑物的长度方向或宽度方向。

对于建筑剖面图，如果建筑物是对称的，可以在剖面图中绘制一半。如果建筑物在某一条轴线之间具有不同的布置，可以在同一个剖面图上绘制不同位置的剖面图，只需要给出说

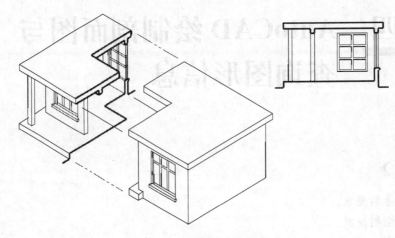

图 4-1　剖面图形成原理

明即可。

2. 建筑剖面图的图示内容

(1)表示被剖切到的建筑物各部位,包括各楼层地面、内外墙、屋顶、楼梯、阳台等构造的做法。

(2)表示建筑物主要承重构件的位置及相互关系,包括各层的梁、板、柱及墙体的连接关系等。

(3)一些没有被剖切到的但在剖切图中可以看到的建筑物构配件,包括室内的窗户、楼梯、栏杆及扶手等。

(4)表示屋顶的形式和排水坡度。

(5)建筑物的内外部尺寸和标高。

(6)详细的索引符号和必要的文字注释。

(7)剖面图的比例与平面图、立面图相一致。为了图示清楚,也可用较大的比例进行绘制。

(8)标注图名、轴线及轴线编号,从图名和轴线编号可知剖面图的剖切位置和剖视方向。

3. 建筑剖面图的图示方法和制图标准

(1)定位轴线:在建筑剖面图中,除了需要绘制两端轴线及其编号外,还要与平面图的轴线对照在被剖切到的墙体处绘制轴线及其编号。

(2)图线:在建筑剖面图中,凡是被剖切到的建筑构件的轮廓线一般采用粗实线(b)或中实线($0.5b$)来绘制,没有被剖切到的可见构配件采用细实线($0.25b$)来绘制。绘制较简单的图样时,可采用两种线宽的线宽组,其线宽宜为 $b:0.25b$。被剖切到的构件应表示出该构件的材质。

(3)尺寸标注:建筑剖面图应标注建筑物外部、内部的尺寸和标高。外部尺寸一般应标注出室外地坪、窗台等处的标高和尺寸,并与立面图一致;若建筑物两侧对称时,可只在一边标注。内部尺寸应标注出底层地面、各层楼面与楼梯平台面的标高,室内其余部分如门窗和设备等标注出其位置和大小的尺寸,楼梯一般另有详图。

（4）图例：建筑剖面图中的门窗都是采用图例来绘制的，具体的门窗等尺寸可查看有关建筑标准。

（5）详图索引符号：一般在屋顶平面图附件中有檐口、女儿墙和雨水口等构造详图，凡是需要绘制详图的地方都要标注详图符号。

（6）材料说明：建筑物的楼地面、屋面等用多层材料构成，一般应在剖面图中加以说明。

（7）比例：《房屋建筑制图统一标准》(GB/T 50001—2010)规定，剖面图中宜采用1：50、1：100、1：150、1：200和1：300等的比例绘制。在绘制建筑物剖面图时，应根据建筑物的大小采用不同的比例，一般采用1：100的比例，这样绘制起来比较方便。

课题二　绘制地坪线和轴线

现以图4-2所示的住宅楼剖面图为例，说明建筑剖面图的绘制方法和步骤。

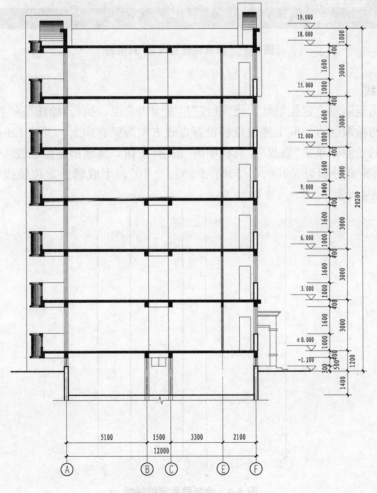

1-1剖面图 1:100

图4-2　某住宅楼剖面图

1. 设置图层、线型

单击"图层"工具栏上的"图层特性管理器"按钮 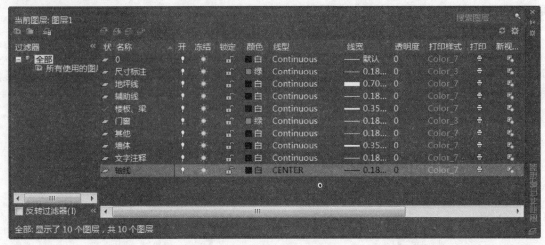，在弹出的"图层特性管理器"对话框中设置图层及其属性，如图 4-3 所示。

图 4-3　"图层特性管理器"对话框

2. 绘制轴线

根据平面图绘制垂直定位轴线：将"轴线"层置为当前层，执行"绘图"→"射线"命令，在绘图区域左下角拾取一点，向上拖曳鼠标设置直线方向为竖直向上，并按 Enter 键，完成辅助定位轴线Ⓐ的绘制；单击"修改"工具栏中的"偏移"按钮，将辅助定位轴线Ⓐ向右偏移生成4 条直线，偏移距离分别为 5 100、1 500、3 300、2 100，生成辅助定位轴线Ⓑ、Ⓒ、Ⓔ和Ⓖ。效果如图 4-4所示。

图 4-4　绘制垂直定位轴线

3. 绘制地坪线

将"地坪线"图层置为当前层，单击"绘图"工具栏中的"多段线"按钮 ，设置多段线宽为100，配合"端点捕捉"功能，绘制出地坪线。效果如图4-5所示。

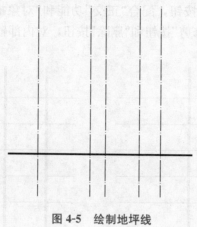

图 4-5　绘制地坪线

课题三　绘制地下室剖面及一层剖面

本实例的住宅楼剖面主要由地下室、一层住宅、五个标准层住宅和一个屋顶组成，适宜自下而上分别绘制各层剖切面。在绘制建筑剖面图的过程中，对于建筑物剖面相似或相同的图形对象，一般需要灵活应用复制、镜像、阵列等编辑命令，以快速地绘制出建筑剖面图。

1. 绘制辅助线

将"辅助线"图层置为当前层，单击"绘图"工具栏中的"直线"按钮，从室外地坪线引绘一根水平线；单击"偏移"按钮，让水平线连续分别向上偏移300、1 200、3 000、3 000、3 000、3 000、3 000、3 000，向下偏移1 400，得到水平方向的辅助线。将垂直定位轴线Ⓐ、Ⓑ、Ⓒ、Ⓖ分别向左、右两侧偏移120，Ⓔ轴线分别向左、右两侧偏移60，得墙体辅助线。效果如图4-6所示。

2. 绘制地下室底板及顶板楼层线

将"楼板、梁"图层置为当前层，单击"绘图"工具栏中的"多段线"按钮，设置多段线宽为20，配合"正交"功能和"对象捕捉"功能，绘制出地下室底板及顶板楼层轮廓线；单击"修改"工具栏中的"修剪"按钮和"删除"按钮，对内部辅助线进行修剪和删除。效果如图4-7所示。

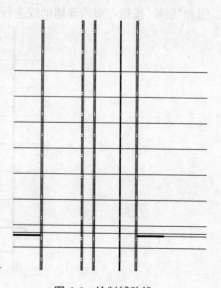

图 4-6　绘制辅助线

3. 绘制地下室墙体及门窗

将"墙体"图层置为当前层，单击"绘图"工具栏中的"多段线"按钮，设置多段线宽为50，配合"正交"功能和"对象捕捉"功能，绘制出地下室墙体轮廓线；将"门窗"图层置为当前层，单击"绘图"工具栏中的"直线"按钮，配合"正交"功能和"对象捕捉"功能，绘制出地下室门窗；单击"修改"工具栏中的"修剪"按钮和"删除"按钮，对内部辅助线进行修剪和删除。效果如图4-8所示。

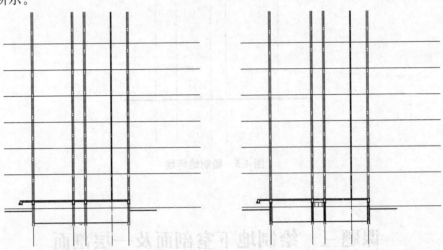

图 4-7　绘制地下室底板及顶板楼层线　　　　图 4-8　绘制地下室墙体及门窗

4. 绘制地下室内部未剖切到的部分和室外台阶

将"其他"图层置为当前层，单击"绘图"工具栏中的"直线"按钮，配合"正交"功能和"对象捕捉"功能，绘制出地下室内部未剖切到的部分和室外台阶；单击"修改"工具栏中的"修剪"按钮和"删除"按钮，对内部辅助线进行修剪和删除。效果如图4-9所示。

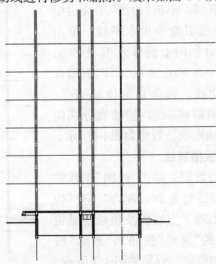

图 4-9　绘制地下室内部未剖切到的部分和室外台阶

5. 绘制一层楼板、梁

将"楼板、梁"图层置为当前层，单击"绘图"工具栏中的"多段线"按钮，设置多段线宽为20，配合"正交"功能和"对象捕捉"功能，绘制出一层楼板、梁轮廓线；单击"修改"工具栏中的"修剪"按钮和"删除"按钮，对内部辅助线进行修剪和删除。效果如图4-10所示。

6. 绘制一层非剖切可见线

将"其他"图层置为当前层，单击"绘图"工具栏中的"直线"按钮，配合"正交"功能和"对象捕捉"功能，绘制出一层非剖切可见线；单击"修改"工具栏中的"修剪"按钮和"删除"按钮，对内部辅助线进行修剪和删除。效果如图4-11所示。

7. 绘制一层墙体、门窗

将"墙体"图层置为当前层，单击"绘图"工具栏中的"多段线"按钮，设置多段线宽为50，配合"正交"功

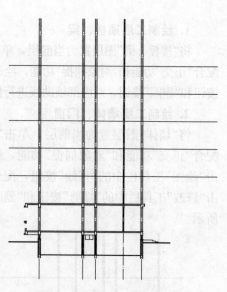

图4-10　绘制一层楼板、梁

能和"对象捕捉"功能，绘制出一层墙体轮廓线；将"门窗"图层置为当前层，单击"绘图"工具栏中的"直线"按钮，配合"正交"功能和"对象捕捉"功能，绘制出一层门窗；单击"修改"工具栏中的"修剪"按钮和"删除"按钮，对内部辅助线进行修剪和删除。效果如图4-12所示。

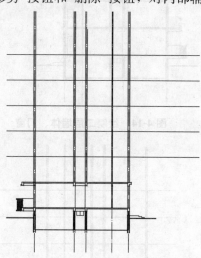

图4-11　绘制一层非剖切可见线

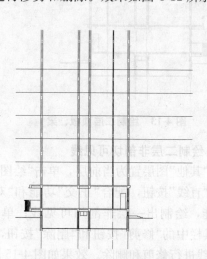

图4-12　绘制一层墙体、门窗

课题四　绘制二至六层剖面图

该住宅楼二至六层平面与一层平面不同，但绘制剖面的过程与绘制底层剖面基本相同。下面讲述二层剖面图的绘制方法和具体操作步骤。

1. 绘制二层顶板、梁

将"楼板、梁"图层置为当前层,单击"绘图"工具栏中的"多段线"按钮,设置多段线宽为 20,配合"正交"功能和"对象捕捉"功能,绘制出一层楼板、梁轮廓线;单击"修改"工具栏中的"修剪"按钮和"删除"按钮,对内部辅助线进行修剪和删除。效果如图 4-13 所示。

2. 绘制二层墙体、门窗

将"墙体"图层置为当前层,单击"绘图"工具栏中的"多段线"按钮,设置多段线宽为 50,配合"正交"功能和"对象捕捉"功能,绘制出一层墙体轮廓线;将"门窗"图层置为当前层,单击"绘图"工具栏中的"直线"按钮,配合"正交"功能和"对象捕捉"功能,绘制出一层门窗;单击"修改"工具栏中的"修剪"按钮和"删除"按钮,对内部辅助线进行修剪和删除。效果如图 4-14 所示。

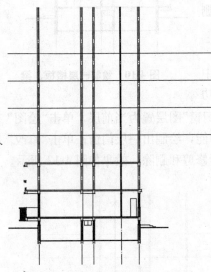

图 4-13　绘制二层顶板、梁

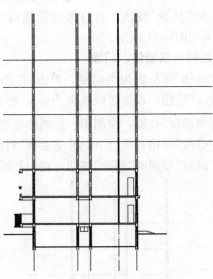

图 4-14　绘制二层墙体、门窗

3. 绘制二层非剖切可见线

将"其他"图层置为当前层,单击"绘图"工具栏中的"直线"按钮,配合"正交"功能和"对象捕捉"功能,绘制出一层非剖切可见线;单击"修改"工具栏中的"修剪"按钮和"删除"按钮,对内部辅助线进行修剪和删除。效果如图 4-15 所示。

4. 边界和面域

(1)边界。所谓"边界"是由图形中的封闭边界线转换成一种多段线,从而形成某个封闭区域的轮廓。"边界创建"对话框如图 4-16 所示。调出该对话框的方法为:

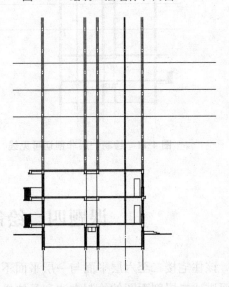

图 4-15　绘制二层非剖切可见线

图 4-16 "边界创建"对话框

①命令行输入："BOUNDARY"或"BO"；

②菜单栏："绘图"→"边界"。

例如，在模型空间画一个圆和一个矩形，让它们相交，如图 4-17 所示。调出"边界创建"对话框，单击对话框里的"拾取点"按钮，对话框消失，在刚才画的圆和矩形的相互重叠的区域里单击一下，然后右击或按 Enter 键，创建就完成了。选中圆和矩形，按 Delete 键将它们删除，留下的就是边界多段线，如图 4-18 所示。

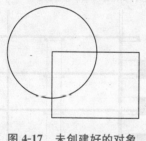

图 4-17 未创建好的对象

图 4-18 创建好的面域

（2）面域。所谓"面域"是用封闭边界创建的二维平面区域，它就像一张没有厚度的纸，除了包含边界外，还包含边界内的平面。组成面域的边界可以是直线、多段线、圆、圆弧、椭圆、椭圆弧、样条曲线，也可以是三维面或实体。面域具有物理特性，除了可以填充图案和着色外，还可以分析其几何属性和物理属性，在模型分析中具有重要意义。

调出"面域"命令的方法：

①命令行输入："REGION"或"REG"；

②菜单栏："绘图"→"面域"；

③单击"标准"工具栏中的" "按钮。

执行完以上操作后，选择一个或多个用于转换为面域的封闭图形，按 Enter 键或 Space 键即可将它们转换为面域。

由于圆、多边形等封闭图形属于线框模型，而面域属于实体模型，因此它们在选中时表现的形式也不相同，如图 4-19 所示。

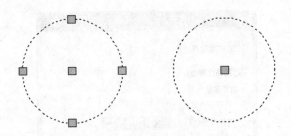

图 4-19 选中圆与圆形面域时的效果

> **注**：面域总是以线框的形式显示，可以对其进行复制、移动等编辑操作。但是在创建面域时，如果系统变量 Delobj 的值为 1，AutoCAD 在定义了面域后将删除原始对象；如果系统变量 Delobj 的值为 0，则不删除原始对象。

5. 填充剖面墙体、楼板和过梁

单击"绘图"工具栏中"图案填充"按钮，分别设置不同的填充图例和比例，填充剖面墙体、楼板和过梁。效果如图 4-20 所示。

6. 生成三至六层剖面

单击"修改"工具栏中的"复制"按钮，配合"对象捕捉"功能，复制出三至六层剖面；单击"修改"工具栏中的"删除"按钮，删除重合的直线。效果如图 4-21 所示。

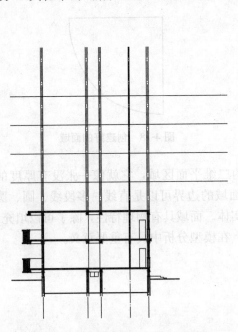

图 4-20 填充剖面墙体、楼板和过梁

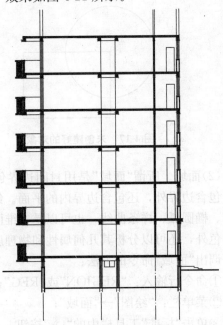

图 4-21 生成三至六层剖面

课题五 绘制坡屋顶(平屋顶)剖面

1. 绘制屋顶辅助线

将"辅助线"图层置为当前层,单击"绘图"工具栏中的"直线"按钮,从六层楼顶线引绘一根水平线;单击"偏移"按钮,将水平线向上偏移 1 000,得到水平方向的辅助线。效果如图 4-22 所示。

2. 绘制屋面线并填充

将"楼板、梁"图层置为当前层,调用"直线""偏移"等命令绘制出梁、屋面板辅助线。调用"修剪"命令进行修剪,最后调用"多段线"命令,根据辅助线绘制剖切到的屋面板和梁。效果如图 4-23 所示。

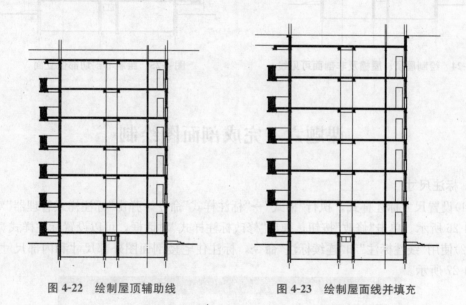

图 4-22 绘制屋顶辅助线　　　　　　图 4-23 绘制屋面线并填充

3. 绘制屋顶、屋檐及非剖面可见线

单击"绘图"工具栏中的"构造线"按钮,绘制屋顶剖面辅助线,然后调用"修剪"命令将外围多余的构造线剪裁掉。效果如图 4-24 所示。

4. 绘制非剖切部位立面

绘制雨篷和单元门。效果如图 4-25 所示。

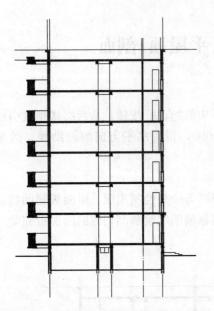

图 4-24 绘制屋顶、屋檐及非剖面可见线

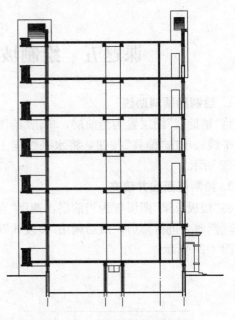

图 4-25 绘制非剖切部位立面

课题六　完成剖面图绘制

1. 标注尺寸

(1)设置尺寸标注样式。执行"格式"→"标注样式"命令，弹出"标注样式管理器"对话框，如图 4-26 所示。单击"修改"按钮，弹出"修改标注样式"对话框，可以设置标注样式。

(2)使用"线性标注"和"连续标注"命令，标注住宅楼剖面图外部尺寸和内部尺寸。效果如图 4-27 所示。

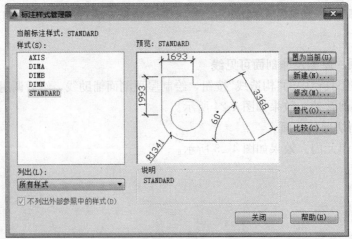

图 4-26　"标注样式管理器"对话框

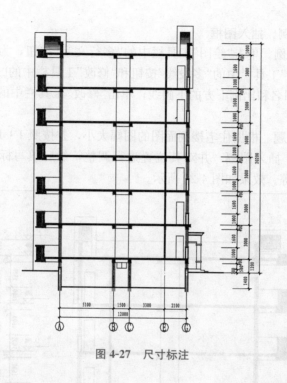

图 4-27　尺寸标注

2. 绘制标高

　　单击"绘图"工具栏中的"直线"按钮，绘制一个等腰三角形的标高符号；单击"绘图"工具栏中的"多行文字"按钮，在标高上方注写标高文字；单击"修改"工具栏中的"复制"按钮，复制标高符号及标高数字到各处；然后双击文字，对标高数字进行修改。效果如图 4-28 所示。

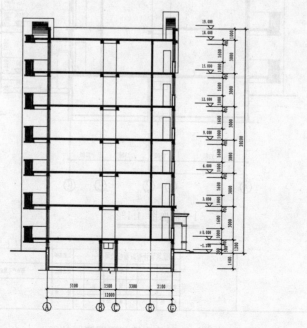

图 4-28　绘制标高

3. 输入文字、比例，插入图框

(1)标注图名和比例。单击"绘图"工具栏中的"多行文字"按钮，为住宅楼剖面图标注图名和比例；单击"绘图"工具栏中的"多段线"按钮和"修改"工具栏中的"偏移"按钮，设置多段线宽为 100，绘制出图名和比例下方的下画线；单击"修改"工具栏中的"分解"按钮，对第二条下画线进行分解。

(2)添加图幅和标题。根据住宅楼剖面图的图幅大小，并按照 1∶100 的比例出图，需制作一个 A3 立式图幅，插入图幅，并对其位置进行调整，然后填写标题栏中图样的有关属性，包括图名、日期等。效果如图 4-29 所示。

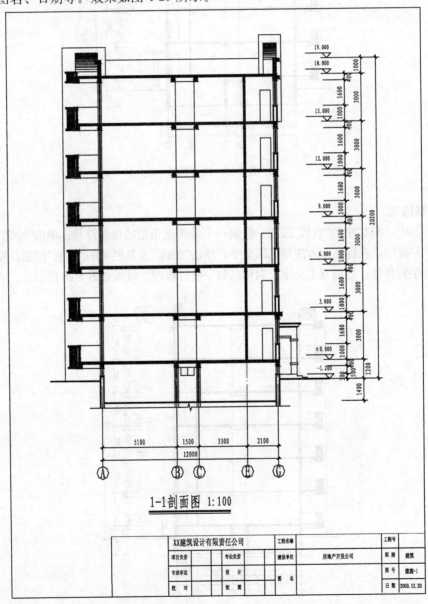

图 4-29　住宅楼剖面图预览效果

课题七　查询建筑图形信息

以下查询工具均为透明命令，在其他命令执行期间可以同时运行。当用户使用 Auto-CAD软件绘图时，查询是很重要的辅助功能之一，它给设计、绘图带来极大的方便。

1. 查询对象的距离

使用"查询距离"命令，可测量绘图区域中两点之间的长度和角度，并以绘图单位标出。

(1)调出命令的方法。

1)命令行输入："DIST"；

2)菜单栏："工具"→"查询"→"距离"；

3)单击"查询"工具栏中的"查询距离"按钮。

(2)操作步骤。

1)输入命令：dist↙；

2)指定第一点：单击需要测量的第一点；

3)指定第二点：单击需要测量的第二点；

4)两点距离的测量结果：距离＝394.338 0，XY平面中的倾角＝17，与XY平面的夹角＝0，X增量＝376.802 2，Y增量＝116.286 4，Z增量＝0.000 0。

2. 查询对象的面积信息

(1)使用"查询面积"命令，用户可以指定一系列的点或选择一个对象。如果需要计算多个对象的组合面积，可在选择集中每次加减一个面积时保持总面积。不能使用窗口选择或交叉窗口方式来选择对象。调出该命令的方法如下。

1)命令行输入："AREΛ"；

2)菜单栏："工具"→"查询"→"面积"；

3)单击"查询"工具栏中的"查询面积"按钮。

(2)用以上任意一种方式输入"查询面积"命令，可以通过指定一系列的点来查询不规则图形的面积和周长。如图 4-30 所示，计算洗浴间需铺设地砖的面积。其操作过程如下。

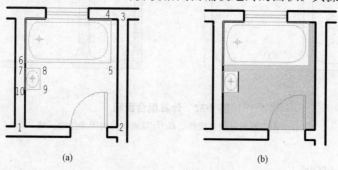

图 4-30　查询不规则图形的面积和周长

(a)单击需要测量的点；(b)计算面积的不规则区域

1)输入命令：area↙；

2)指定第一个角点或[对象(O)/加(A)/减(S)]：单击 1 点(单击需要测量的第一点)；

3)指定下一个角点或按 Enter 键全选：单击 2 点(单击需要测量的第二点)；

4)指定下一个角点或按 Enter 键全选：单击 3 点(单击需要测量的第三点)；

5)指定下一个角点或按 Enter 键全选：↙(按 Enter 键结束命令)；

6)面积＝199 357.921 5，周长＝1 818.02(不规则封闭区域测量结果)。

(3)上机操作。可以指定封闭多段线或圆区域的面积和周长，如图 4-31 所示，计算灰色填充区域的面积和周长。其操作过程如下。

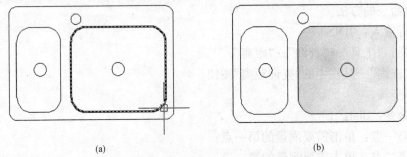

(a)　　　　　　　　　　　　　　(b)

图 4-31　查询封闭多段线或圆的区域面积和周长

(a)单击需要测量的多段线；(b)计算面积的封闭多段线区域

1)输入命令：area↙；

2)指定第一个角点或[对象(O)/加(A)/减(S)]：O↙(选择指定对象方式)；

3)选择对象：单击右侧水池轮廓线(指定封闭多段线或圆)；

4)面积＝77 787.633 6，圆周长＝988.690 2。

"查询面积"命令还可以用来计算组合面积，即从面积中加上或减去面积，如图 4-32(b)所示，计算灰色填充区域的面积。其操作过程如下。

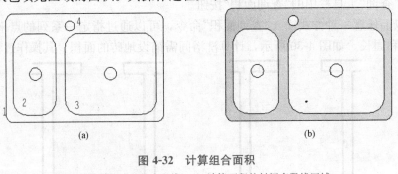

(a)　　　　　　　　　　　　　　(b)

图 4-32　计算组合面积

(a)单击需要测量的多段线；(b)计算面积的封闭多段线区域

1)输入命令：area↙；

2)指定第一个角点或[对象(O)/加(A)/减(S)]：A↙(选择加模式)；

3)指定第一个角点或[对象(O)/减(S)]：O↙(选择指定对象方式)；

4)("加"模式)选择对象：指定对象 1↙(洗碗池最外沿)；

5)面积＝467 140.087 3，周长＝2 728.589 4；

6)总面积＝467 140.087 3(计算出外沿面积及周长)；

7)("加"模式)选择对象：✓(结束加模式)；

8)指定第一个角点或[对象(O)/减(S)]：S✓(选择减模式)；

9)指定第一个角点或[对象(O)/加(A)]：O✓(选择指定对象方式)；

10)("减"模式)选择对象：指定对象2✓(左侧水池)；

11)面积＝90 821.969 2，周长＝1 164.578 7(计算出左侧水池面积及周长)；

12)总面积＝376 318.118 1(减去左侧水池后的面积)；

13)("减"模式)选择对象：指定对象3✓(右侧水池)；

14)面积＝197 273.369 2，周长＝1 672.578 7(计算右侧水池面积及周长)；

15)总面积＝179 044.748 8(再减去右侧水池后的面积)；

16)("减"模式)选择对象：指定对象4✓(进水管孔)；

17)面积＝2 026.829 9，圆周长＝159.592 9(计算出进水管孔面积及周长)；

18)总面积＝177 017.918 9(再减去进水管孔后的面积)；

19)("减"模式)选择对象：✓。

3. 获取图形信息

列表查询命令可同时显示图形对象的各种特性，其命令调用的方法有：

(1)在"查询"工具栏中，单击列表显示按钮"［ ］"。

(2)菜单栏："工具"→"查询"→"列表"。

(3)命令行输入："List"或"LI"。

执行"列表"查询命令后，根据命令行的提示选定要查询的图形对象，AutoCAD将在相应的"文本窗口"，以列表的方式显示对象类型、对象图层、面积、周长以及相对于当前用户坐标系的坐标等信息。图4-33所示为"列表"查询正六边形特性信息时系统显示的"文本窗口"。

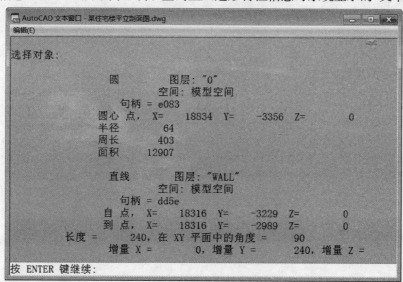

图4-33　正六边形特性信息列表

小 结

本模块主要介绍运用 AutoCAD 2016 绘制建筑剖面图的基本内容与一般操作步骤。通过学习，可以全面了解绘制建筑剖面图的有关规定和画法特点以及图形查询命令的应用。

思考与练习

1. 简述建筑剖面图的图示内容。
2. 查询两点间的距离可以采用哪些命令？
3. 简述面域的查询特性内容与实体的查询特性内容中的相同点与不同点。

模块五　AutoCAD 绘制建筑详图

〈 学习重点 〉

- 详图的基本知识。
- 复制、修剪、偏移、图案填充等基本命令。
- 文字、尺寸标注。
- 不同比例的图形在一张图中的布置。

〈 学习目标 〉

通过范例熟悉楼梯平面图、楼梯剖面图、楼梯节点详图的绘制过程，了解将不同比例的图形在一张图纸中打印的方法。

课题一　建筑详图概述

1. 建筑详图的含义

房屋建筑平面图、立面图、剖面图是全局性图纸，常采用较小的比例尺如 1∶100、1∶200 等绘制，建筑物上许多细部构造无法表示清楚。因此，用这样的比例在平、立、剖面图中无法表示清楚的内容，需要另外绘制详图或选用合适的标准图。建筑详图是建筑细部的施工图，是建筑平面图、立面图、剖面图的补充。详图的比例常按需要选用 1∶1、1∶2、1∶5、1∶10、1∶15、1∶20、1∶25、1∶30、1∶50 等。

2. 建筑详图的图示内容

建筑详图的图示内容包括：

(1)表示局部构造的详图，如外墙身详图、楼梯详图、阳台详图等。

(2)表示房屋设备的详图，如卫生间、厨房、实验室内设备的位置及构造等。

(3)表示房屋特殊装修部位的详图，如吊顶、花饰等。

3. 建筑详图的图示方法和制图标准

详图与平、立、剖面图的关系是用索引符号联系的。索引符号由直径为 8～10mm 的圆和水平直径组成，圆及水平直径应采用细实线绘制。索引符号有详图索引符号、局部剖切索引符号和详图符号三种。

(1)详图索引符号。详图与被索引的图既可以绘制在同一张图纸上，也可以绘制在不同图纸上，还可以采用标准图单独绘制。详图索引符号的表示方法如图 5-1 所示。

(2)局部剖切索引符号。索引符号常用于索引剖视详图，应在被剖切的部位用粗短线绘

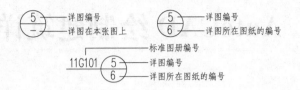

图 5-1　详图索引符号的表示方法

制剖切位置线,并用引出线导出索引符号,引出线所在的一侧应为剖视方向。局部剖切索引符号的表示方法如图 5-2 所示。

图 5-2　局部剖切索引符号的表示方法

(3)详图符号。索引出的详图画好后,应在详图下方编号,称为详图符号。详图符号的圆应用粗实线以直径为 14mm 绘制。详图符号有两种表示方法,如图 5-3 所示。

图 5-3　详图符号的表示方法

课题二　绘制楼梯平面图

楼梯平面图的形成同建筑平面图一样。假设用一水平面在该层往上行的第一楼梯段中剖切开,移去剖切平面及以上部分,将余下的部分按正投影的原理投射在水平投影面上所得的图形,称为楼梯平面图。楼梯平面图是房屋平面图中楼梯间部分的局部放大。

楼梯平面图包括底层平面图、标准层平面图、顶层平面图,三者之间有很多相同的部分。可以以标准层平面作为重点,其余两个平面在标准层平面的基础上局部修改完成。若前面已经绘制了建筑平面图,只需将建筑平面图中楼梯部分剪切下来,直接调用即可;若绘制新的楼梯平面图,要按照步骤进行。

1. 楼梯平面图的绘制步骤

(1)根据楼梯间的开间、进深尺寸画出墙身轴线、墙厚、门窗洞口的位置。

(2)画出平台宽度、楼梯长度及栏杆位置,楼梯段长度等于踏面宽度乘以踏面数(踏面数即踏步数减 1)。

(3)根据踏面的宽度和踏步数绘制踏面,画箭头标注上下方向。

(4)注明标高、尺寸、比例、文字说明等。

注:线条的粗细与建筑平面图一致。

2. 楼梯平面图的绘制过程

(1)绘制墙身轴线、墙厚、门窗洞口的位置。操作步骤如下：

1)将"轴线"图层设置为当前图层，绘制轴线。

2)将"墙线"图层设置为当前图层，在轴线的基础上偏移出墙线，修剪掉多余的部分。

3)将"门窗"图层设置为当前图层，绘制门窗。

4)设置"细实线"图层为当前图层，补充其他线条，如折断线等。

效果如图5-4所示。注意：根据前面所学知识，选择图层的线型、线宽、颜色等。

(2)画出平台宽度、楼梯长度及栏杆位置。操作步骤：将"细实线"图层设置为当前图层，用"偏移"命令在轴线、墙线的基础上绘制楼梯平台宽度、楼梯长度、楼梯井的位置。效果如图5-5所示。

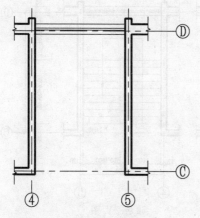

图5-4　标准层平面图绘制一

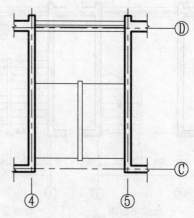

图5-5　标准层平面图绘制二

(3)根据踏面的宽度和踏步数，绘制踏面。操作步骤：将"细实线"图层设置为当前图层，根据踏面的宽度和踏步数，在楼梯平台边界线的基础上，用"偏移"命令绘制踏面，并用"多段线"命令绘制楼梯上的箭头，注明上下方向。效果如图5-6所示。

(4)标注标高、尺寸、比例、文字说明。操作步骤：将"标注"图层设置为当前图层。标注楼梯平面图上的文字信息，如图5-7所示。

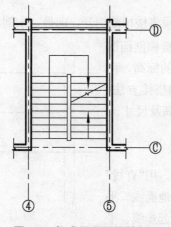

图5-6　标准层平面图绘制三

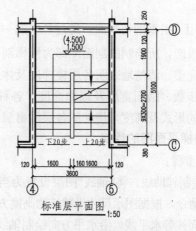

图5-7　标准层平面图绘制四

1)文字标注。根据要求设置文字样式，置为当前。用"单行文字"命令标注标高、文字说明、轴线号、图纸名称等。

2)尺寸标注。根据要求设置尺寸标注样式，置为当前。首先用"线性标注"命令，标注第一道尺寸线的第一个尺寸；然后用"连续标注"命令，标注第一道尺寸线的其他尺寸。对于尺寸数字需要修改的，调用"对象特征"命令，在文字替代中修改尺寸数字。

3. 其他层楼梯平面图的绘制过程

底层、标准层、顶层平面图三者之间有很多相同的部分。标准层绘制结束后，再向左右分别复制一个，即可形成底层楼梯平面图和顶层楼梯平面图的雏形，再对其进行局部修改即可。最终结果如图 5-8 所示。

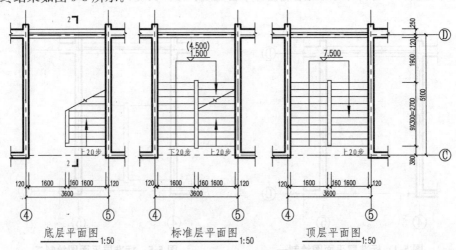

图 5-8 楼梯平面图

课题三 绘制楼梯剖面图

假想用一铅垂剖切平面，通过各层的一个楼梯段将楼梯剖切开，向另一未剖切到的楼梯段方向进行投影，所绘制的剖面图即为楼梯剖面图。楼梯剖面图的作用是完整、清楚地表明各层楼梯段及休息平台的标高，楼梯的踏步步数、踏面宽度及踢面高度，各种构件的搭接方法，楼梯栏杆的形式及高度，楼梯间各层门窗洞口的标高及尺寸。

1. 楼梯平面图的绘制

操作步骤：

（1）绘制辅助线。将"轴线"图层设置为当前图层，用"直线"和"偏移"命令，根据图示尺寸沿建筑物高度方向绘制地面线、平台线及楼面线等水平线，沿水平方向绘制轴线、台阶起步线、平台宽度线、墙体轮廓线等竖直线。效果如图 5-9 所示。

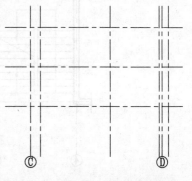

图 5-9 绘制楼梯剖面图辅助线

(2)绘制踏步。

1)根据楼梯踏步高150、踏面宽300，绘制第一步踏步，然后用"复制"命令复制出所有踏步，并绘制出平台和地面。效果如图5-10所示。

2)以楼梯平台为镜像中心，将所有踏步镜像。注意踏步线条的粗细，按照前后位置关系进行线条粗细的调整。效果如图5-11所示。

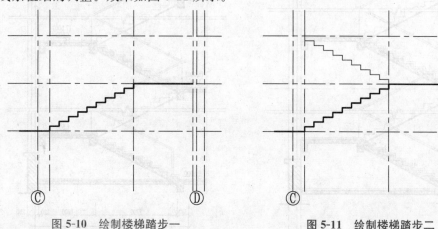

图 5-10　绘制楼梯踏步一　　　　　　　　图 5-11　绘制楼梯踏步二

(3)按照图示的尺寸和位置，补充本层楼梯剖面图的其他轮廓线，如抹灰线、踏板底线、地面底线、平台底线、一层楼梯墙线等。在各轮廓线的基础上进行图案填充。效果如图5-12所示。

(4)补充楼梯剖面图中首层中的楼梯扶手，第二梯段上的折断线，对遮挡部分进行修剪。同时删除不再需要的辅助线。效果如图5-13所示。

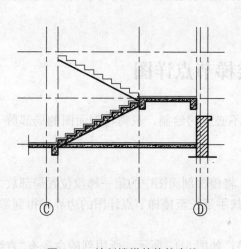
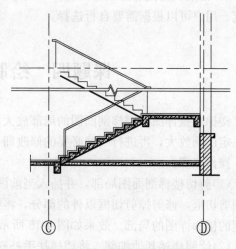

图 5-12　绘制楼梯其他轮廓线一　　　　　　图 5-13　绘制楼梯其他轮廓线二

(5)在楼梯剖面图首层绘制完成的基础上绘制上层部分。将首层所绘图形进行复制，根据图示进行相应的修改，并补充其他轮廓线。效果如图5-14所示。

(6)标注楼梯剖面图中的文字和尺寸。效果如图 5-15 所示。

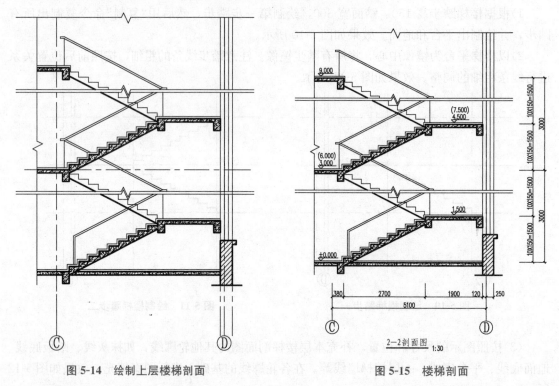

图 5-14　绘制上层楼梯剖面　　　　　　　　图 5-15　楼梯剖面

2. 绘制楼梯剖面图的注意事项

(1)根据梯段之间的遮挡关系，用细线表示被遮挡部分，并将被遮挡部分删除。

(2)粗细线的控制方法有两种：一是可以采用图层线宽控制；二是可以利用多段线控制线宽。用户可以根据需要自行选择。

课题四　绘制楼梯节点详图

楼梯节点详图是楼梯剖面图的局部放大图，不必专门绘制，只需将剖面图的局部剪下，按一定比例放大，再进行一些必要的修改即可。

操作步骤：

(1)剪切楼梯剖面图局部，并插入当前图中。将楼梯剖面图中的第一梯段位置局部放大，绘制剪切框，修剪掉剪切框以外的部分，将楼梯扶手延长至楼梯节点详图的边界，得到需要绘制的楼梯详图的局部。效果如图 5-16 所示。

(2)绘制楼梯其他细部。将楼梯扶手补充完整，如图 5-17 所示，所用到的命令有"直线""偏移""复制""修剪""延长""圆角"等。然后，对楼梯节点详图进行文字和尺寸标注，如图 5-18 所示，所用到的命令有"单行文字""线性标注""连续标注"等。

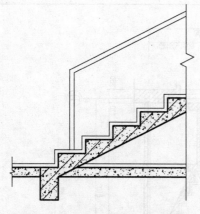

图 5-16　剪切楼梯节点详图轮廓线

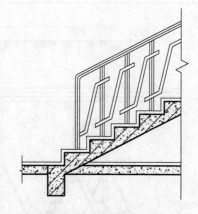

图 5-17　绘制楼梯栏杆扶手

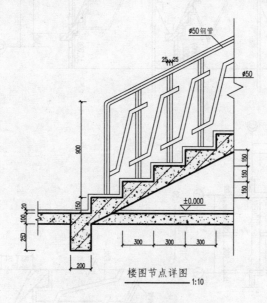

图 5-18　楼梯节点详图

　　(3)将绘制好的图形插入到同一张图纸中。建筑制图相关标准规定，同一张图纸中，无论图样大小，它们的线宽均应保持一致，如果将来的出图比例以楼梯平面图的比例 1∶50 为基准，那么楼梯剖面图和节点详图的线宽必须与主图(楼梯平面图)保持一致。

　　在前面，已经将楼梯平面图、楼梯剖面图、楼梯节点详图按比例绘制完成，下面将绘制好的三种比例的图形放置到同一张图纸中。

　　首先，将绘制好的楼梯剖面图和节点详图分别以图块的形式保存，并将它们插入到主图中，注意不能将图块分解(如果分解，对图形进行缩放时，相应的尺寸标注将发生变化)；然后将插入到主图中的图块分别放大相应的倍数，使楼梯剖面图和节点详图中的粗线线宽与主图保持一致；最后根据主图，绘制比例为 1∶50 的 A2 图纸格式，从而完成楼梯详图的绘制。楼梯详图如图 5-19 所示。

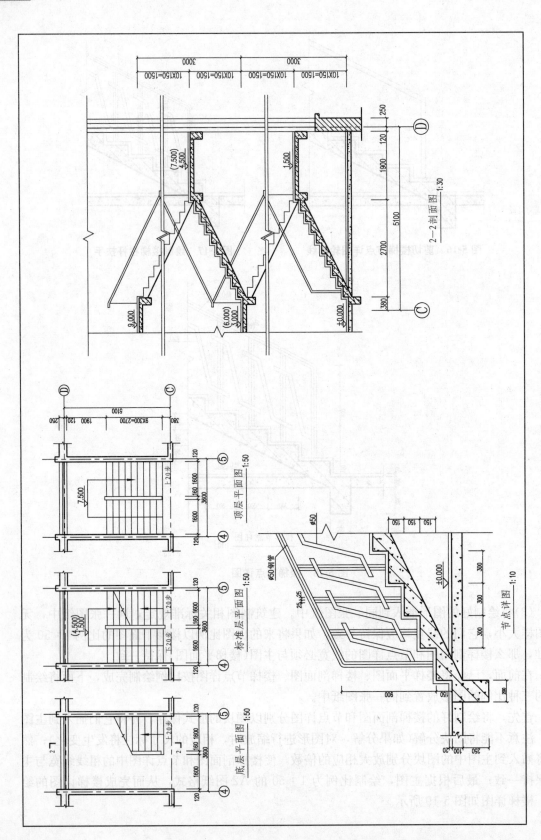

图5-19 楼梯详图

小　结

　　本模块主要介绍楼梯详图的基本绘制方法。通过对本模块的学习，应对楼梯详图有全面的了解，知道楼梯详图由平面图、剖面图、节点详图组成。三种图纸之间相互联系，在绘图过程中可以相互利用。同时，要熟悉 AutoCAD 基本命令的运用。

思考与练习

　　1. 用本模块中所学的绘图方法和技巧，把模块二中的楼梯部分剪切到新图中。
　　2. 在标准层楼梯平面图的基础上，完成图 5-8 中的楼梯底层平面图和顶层平面图。
　　3. 回顾本模块所学的内容，完成图 5-19。体会如何把不同图样比例的图形放在同一张图纸中。

模块六 图形打印输出

〈 学习重点 〉

- 模型空间打印 CAD 图形。
- 图纸空间打印 CAD 图形。
- 输出 CAD 图形到 Word 软件中。
- 输出 CAD 图形到 Photoshop 软件中。

〈 学习目标 〉

本模块将结合实例介绍规划图纸布局的方法、设置相关的打印参数来控制图形输出。在 AutoCAD 中，能够将不同格式的图形导入 AutoCAD 或将 AutoCAD 图形以其他格式输出。

课题一 模型空间打印 CAD 图形

1. 调出命令的方法

(1)命令行输入："Print"或"Plot"；

(2)菜单栏："文件"→"打印"；

(3)在"标准"工具栏单击"🖨"按钮；

(4)按快捷键：Ctrl＋P；

(5)右键快捷菜单：在模型空间或图纸空间标签上右击，在弹出的快捷菜单中选择"打印"命令，设置打印图形的各种参数，将图形打印出来。

2. 选项说明

当执行"打印"命令后，将打开如图 6-1 所示的"打印-模型"对话框。

(1)打印机/绘图仪：可从"名称"下拉列表中选择一种绘图仪。如果用户选择的绘图仪不支持已选定的图纸尺寸，将通知用户要使用绘图仪支持的图纸尺寸，如果显示警告，请单击"确定"按钮。选定绘图仪后，可以继续选择图纸尺寸，如果图纸尺寸正确，则可以单击"确定"按钮，打印图形。

单击"特性"按钮，可以打开如图 6-2 所示的文档属性对话框，以设置送纸器、打印质量、颜色等。

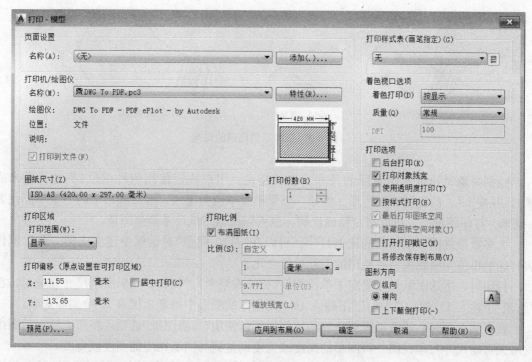

图 6-1 "打印-模型"对话框

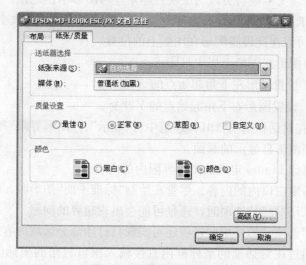

图 6-2 文档属性对话框

（2）图纸尺寸：可选择图纸尺寸。

（3）打印比例：当指定输出图形的比例时，可以从实际比例列表中选择、输入所需比例或者选择"布满图纸"，以缩放图形将其调整到所选的图纸尺寸。图 6-3 所示为同一图形的不同比例得出的结果。

以1:1比例打印   以0.5:1比例打印   以1.5:1比例打印

图 6-3　三种不同比例的灯泡

绘制对象时通常使用实际的尺寸。也就是说，用户决定使用何种单位（英寸、毫米或米），并按 1∶1 的比例绘制图形。例如，如果测量单位为毫米，那么图形中的一个单位代表 1 毫米。打印图形时，可以指定精确比例，也可以根据图纸尺寸调整图像。

大多数最终图形以精确的比例打印。可以在"打印-模型"对话框中建立比例。此比例代表打印的单位与绘制模型所使用的实际单位之比。

打印时，所选图纸尺寸决定了单位类型（英寸或毫米）。例如，如果图纸尺寸是毫米，在"毫米"下输入 1，然后在"单位"下输入 10，则打印的图形中每毫米代表 10 个实际毫米。

在审阅草图时，通常不需要精确的比例。可以使用"布满图纸"选项，按照能够布满图纸的最大可能尺寸打印视图。将图形的高度或宽度调整到与图纸相应的高度或宽度。

打印模型空间的透视视图时，无论是否输入了比例，视图都将按图纸尺寸缩放。勾选"布满图纸"复选框时，文本框将更改为反映打印单位与图形单位之比。只要用户在"打印-模型"对话框中修改图纸尺寸、绘图仪、打印原点、方向或打印区域的大小，都将更新此比例。

（4）打印偏移：可以在此设置图形在图纸上的位置。

①居中打印：将图形在图纸上居中打印。

② X: `0.00` 毫米：设置图形左下角起始点的 X 坐标。

③ Y: `0.00` 毫米：设置图形右下角起始点的 Y 坐标。

（5）打印区域：在对话框的"打印区域"组中有"显示"、"图形界限"和"窗口"三个选项。

①显示：打印当前屏幕显示的画面。

②图形界限：打印 Limits 定义的图形界限内的内容。

③窗口：打印指定窗口内的内容。尽管在绘制"标准平面"图形时，已经根据图纸设定了绘图界限，但是在采用"界限"选项时，还是可能会出现超界的问题。

此处使用"窗口"选项。另外用此选项还可实现只打印部分区域内容。

指定窗口可以通过在对话框的坐标框内直接输入窗口对角的坐标值；或单击"窗口"按钮，对话框暂时关闭，回到绘图区，用鼠标定义一个窗口包围所有要输出的内容，注意窗口要尽可能紧凑。一旦窗口定义好，又重新回到"打印-模式"对话框。

（6）打印样式表（画笔指定）：打开该选项组的下拉列表可以看到当前支持的所有 .CTB 打印样式表，如图 6-4 所示。其中包括颜色、抖动、灰度、笔号、虚拟笔、淡显、线型、线宽、线条端点样式、线条连接样式、填充样式。AutoCAD 2016 的打印样式表支持画笔颜色映射及线宽映射。（大多数情况下选择"monochrome.ctb"为打印样式）

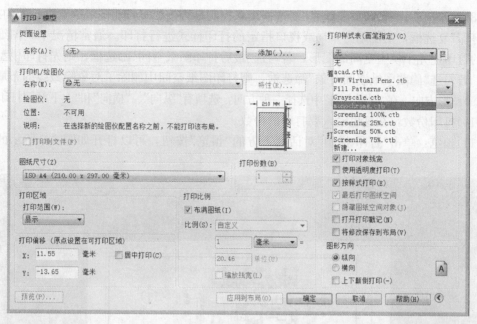

图 6-4　"打印-模型"对话框

"打印样式表(画笔指定)"保存在颜色相关(CTB)或命名(STB)两种打印样式表中。颜色相关打印样式表根据对象的颜色设置样式；命名打印样式可以指定给对象，与对象的颜色无关。

(7)着色窗口选项：可从"质量"下拉列表中选择打印精度；如果打印一个包含三维着色实体的图形，还可以控制图形的"着色"模式，如图 6-5 所示。

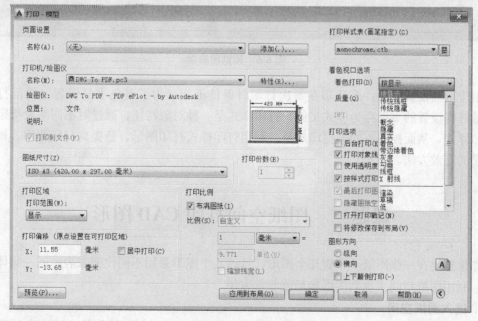

图 6-5　着色设置

（8）打印选项："打印对象线宽"复选框用来控制是否按线宽打印图纸的宽度。若勾选"按样式打印"复选框，则使用为布局或视口指定的打印样式进行打印。通常情况下，图纸空间布局的打印优先于模型空间的图形，若勾选"最后打印图纸空间"筛选框，则先打印模型空间图形。若勾选"隐藏图纸空间对象"筛选框，则打印图纸空间中删除了对象隐藏线的布局。

（9）图形方向：在"图形方向"中选择一种方向，选项有"纵向"、"横向"和"上下颠倒打印"。

（10）打印份数：在这里输入要打印的份数。

（11）预览：单击"打印-模型"对话框下方的"预览"按钮，可以打开如图 6-6 所示的预览图形。

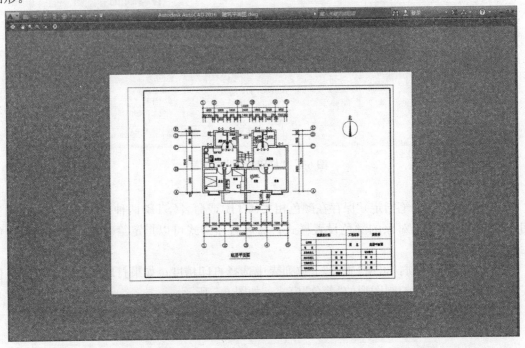

图 6-6　预览图形

由于页面设置中的许多选项在每次打印时保持不变，为了避免重复设置，规范打印结果，最好将设置的页面存为样式文件。打印样式是一种对象特征，通过对不同对象指定不同的打印样式，从而控制不同的打印效果。利用打印样式打印图形，是提高打印效率、规范打印效果的有效方法。

课题二　图纸空间打印 CAD 图形

如果想要在一张图纸上布置几个图形，且这几个图形采用不同比例来表示同一物体不同部分，利用图纸空间来规划图纸布局就非常方便。

1. 进入图纸空间

（1）调出命令的方法。AutoCAD 2016 的模型空间和图纸空间的切换方式，在屏幕左下方有"模型""布局 1"和"布局 2"这三个标签，表示模型空间、布局 1、布局 2，单击"布局 1"标签即可进入布局 1。

（2）上机操作。单击"布局 1"即进入布局 1，也可以使用系统参数命令"Tilemode"。在命令行做如下操作：

1）命令：TILEMODE↙。

2）输入 TILEMODE 的新值〈1〉：0↙。

此时模型空间中的图形消失，绘图区中出现图纸空间标志，表明已进入图纸空间，如图 6-7 所示。其实进入图纸空间最方便的是直接单击"布局 1"。

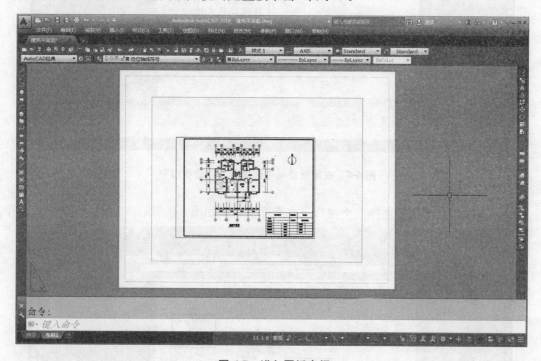

图 6-7 进入图纸空间

2. 在图纸空间中创建多个浮动视口

（1）调出命令的方法。命令行输入："Mview"或"MV"。

（2）上机操作。

1）命令：Mview↙。

2）视口：打开（ON）/关闭（OFF）/充满（F）/锁定（L）/对象（O）/多边形（P）/2/3/4/〈第一点〉：2↙。

3）两个视口：水平（H）/竖向（V）/上方（A）/下方（B）/下方（B）/〈右边（R）〉：h↙。

4）充满屏幕（F）/〈边界矩形的第一点〉：在屏幕左下角点一个点。

5）对角点：在屏幕右上点一个点，设定图纸空间范围，结果如图 6-8 所示。

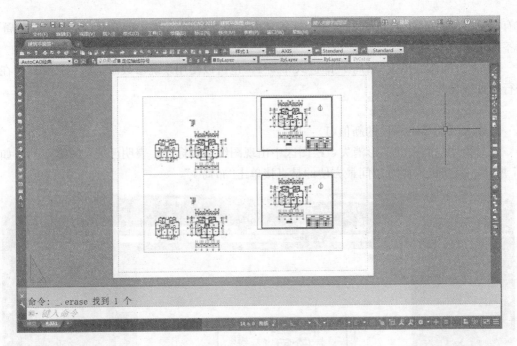

图 6-8　在图纸空间中创建两个浮动视口

与上面类似，如果是选择三个视口，充满屏幕结果如图 6-9 所示。

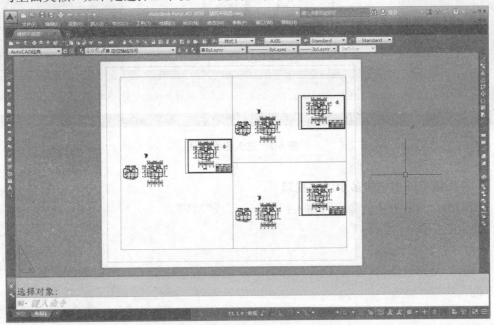

图 6-9　在图纸空间中创建三个浮动视口

3. 在图纸空间画图纸幅面线、图框和标题栏

在图纸空间画图纸幅面线、图框和标题栏，如图 6-10 所示，线宽只需按最终图纸上的

线宽设定即可，与比例无关。

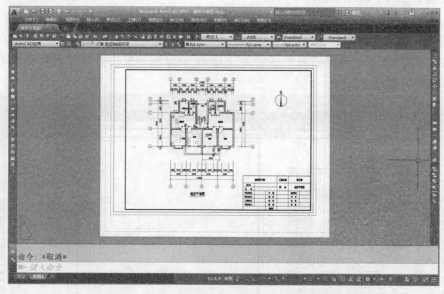

图 6-10　在图纸空间画图纸幅面线、图框和标题栏

4. 在图纸空间中调整各个浮动视口的大小与位置

在图纸空间内，选定视口边框后，视口可以像编辑其他物体一样复制、删除、移动、缩放和拉伸，但是视口内的实体图形并不允许编辑。用此方法把两个视口变成如图 6-11 的布局。

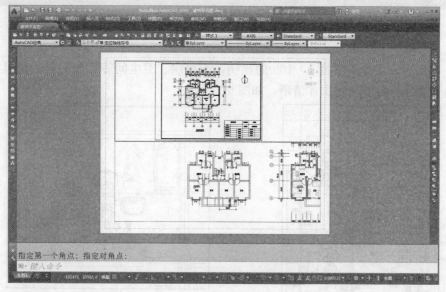

图 6-11　视口变化后的布局

5. 进入模型空间下的浮动视口

进入模型空间下的浮动视口，在浮动视口下就可以更改选定的视口内的实体图形。
在任意一个视口内双击可以直接激活此视口。

6. 在模型空间下的浮动视口中调整

在浮动视口中改变各视口内的图形比例及要显示的图形部位,选定左边的视口,调用"Zoom"命令,缩放比例输入"1/100",则将左边图形比例定为 1∶100;用同样的方法将右图图形比例定为 1∶20;再用动态平移命令"Rtpan",分别调整出各视口中想要显示的图形部位,如图 6-12 所示。

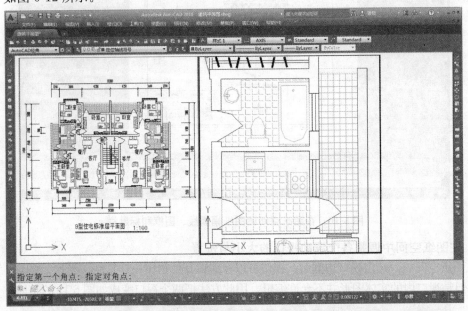

图 6-12　调整出各视口中想要显示的图形部位

在一幅图中,主建筑图按 1∶100 的比例,而厨房、卫生间等部分厨具、洁具较多时,按 1∶50 或者 1∶20 打印输出才清晰,如图 6-13 所示。

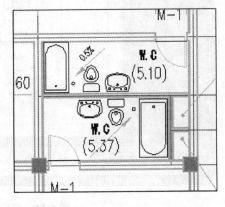

图 6-13　以不同的图形比例来输出不同的图形部位

7. 重新回到图纸空间、隐藏浮动视口边框(图 6-14)

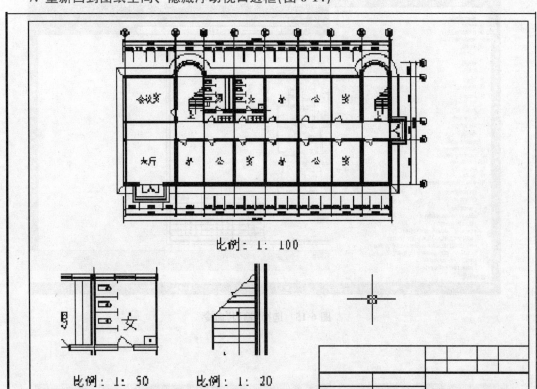

图 6-14 隐藏边框

8. 关于图纸空间中打印图形时的打印比例

在图纸空间中规划好的图纸，在图纸空间中打印，只需将打印比例设为 1∶1 即可。

课题三 输出 CAD 图形到 Word 软件中

1. 方法一

(1)在 AutoCAD 中，选择"文件"→"输出"命令，选择"∗.wmf"格式，设置保存的路径，输入文件名，如图 6-15、图 6-16 所示。

(2)打开 Word。定好插入点，执行"插入"→"图片"命令，查找刚保存的那个"∗.wmf"格式的 AutoCAD 图，如图 6-17 至图 6-19 所示。

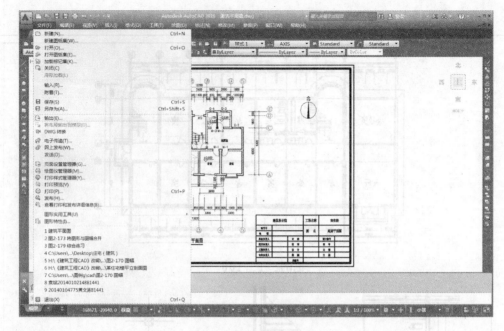

图 6-15　选择"输出"命令

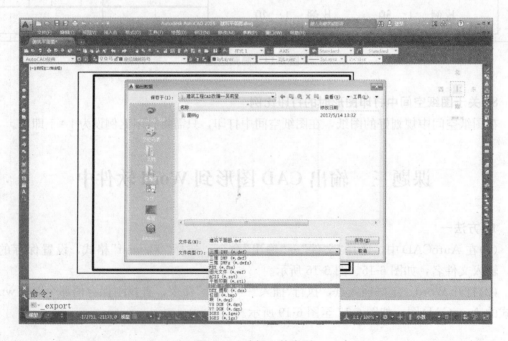

图 6-16　选择文件类型

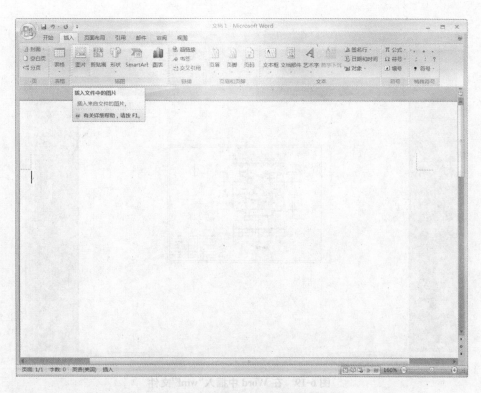

图 6-17 选择"插入"→"图片"命令

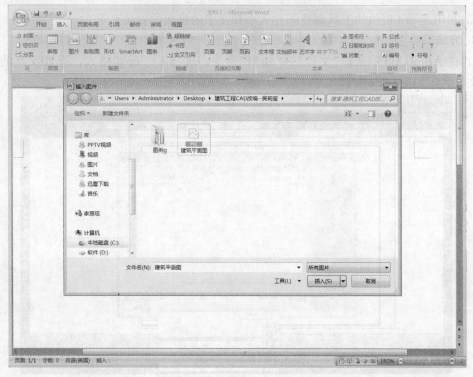

图 6-18 选择"wmf"文件

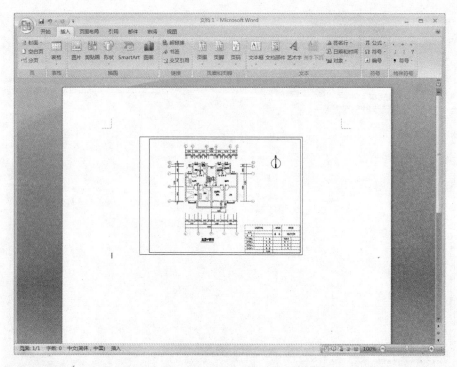

图 6-19　在 Word 中插入"wmf"文件

(3)利用 Word 提供的工具调整图片大小和文字的排版位置关系等。

2. 方法二

(1)在 AutoCAD 中选择"文件"→"输出"命令，选择"＊.eps"格式，设置保存的路径，输入文件名，如图 6-20 所示。

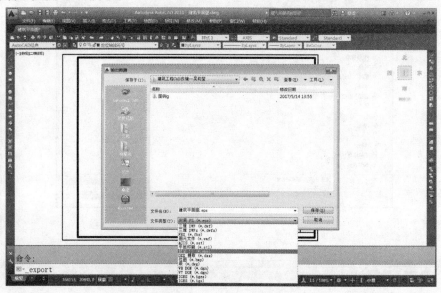

图 6-20　选择文件类型

(2)打开 Word。定好插入点,选择"插入"→"图片"命令,查找刚才保存的那个"*.eps"格式的 AutoCAD 图,如图 6-21 至图 6-23 所示。

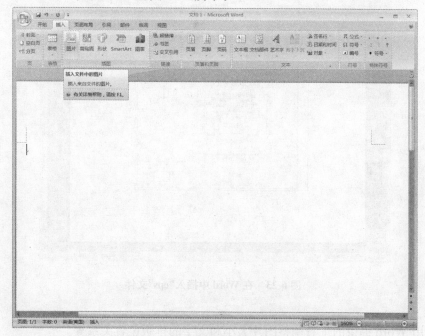

图 6-21 选择"插入"→"图片"命令

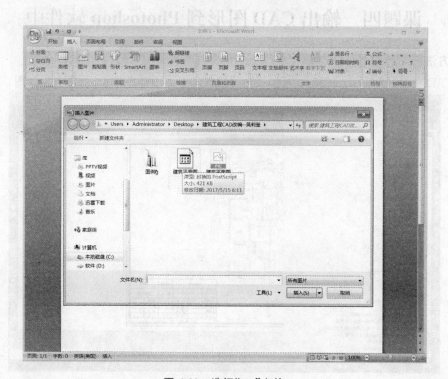

图 6-22 选择"eps"文件

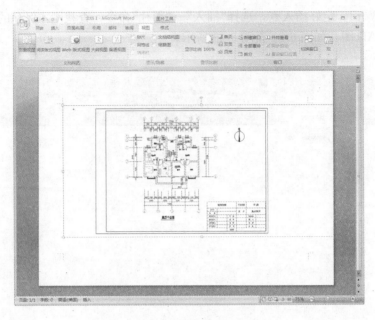

图 6-23　在 Word 中插入"eps"文件

(3)利用 Word 提供的工具调整图片大小和文字的排版位置关系等。

课题四　输出 CAD 图形到 Photoshop 软件中

1. 方法一

把 CAD 图输出为"＊.bmp"格式文件,然后在 Photoshop 中打开即可,如图 6-24、图 6-25 所示。

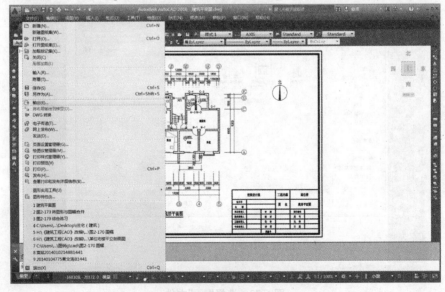

图 6-24　选择"文件"→"输出"命令

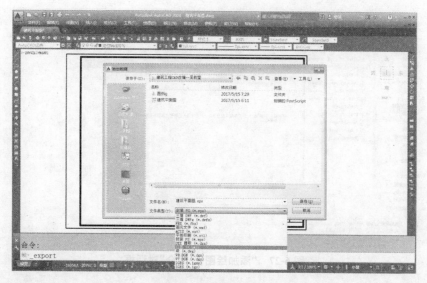

图 6-25 选择文件类型

2. 方法二

在菜单栏选择"文件"→"绘图仪管理器"命令(图 6-26),弹出 Plotters 窗口,双击"添加绘图仪向导",弹出"添加绘图仪-简介"对话框(图 6-27),单击"下一步"按钮,弹出"添加绘图仪-开始"对话框(图 6-28),选中"我的电脑"单选按钮,单击"下一步"按钮,弹出"添加绘图仪-绘图仪型号"对话框(图 6-29),选中图片中的选中项,单击"下一步"按钮,弹出"添加绘图仪-输入 PCP 或 PC2"对话框(图 6-30),单击"下一步"按钮,弹出"添加绘图仪-端口"对话框(图 6-31),单击"下一步"按钮,弹出"添加绘图仪-绘图仪名称"对话框(图6-32),在"绘图仪名称"文本框中输入"ps",单击"下一步"按钮,弹出"添加绘图仪-完成"对话框(图 6-33),单击"完成"按钮,完成虚拟绘图仪的设置。

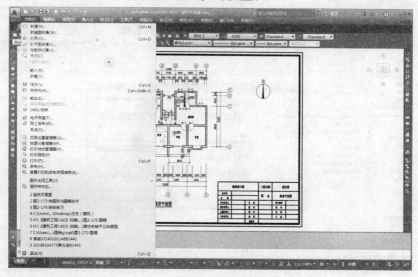

图 6-26 选择"绘图仪管理器"命令

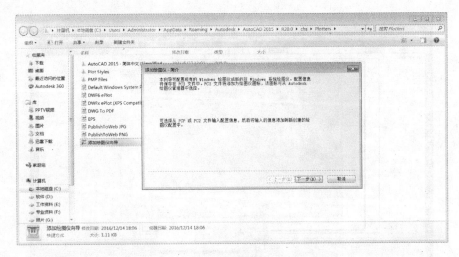

图 6-27 "添加绘图仪-简介"对话框

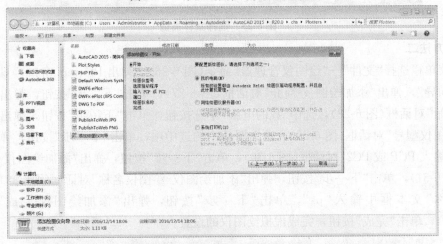

图 6-28 "添加绘图仪-开始"对话框

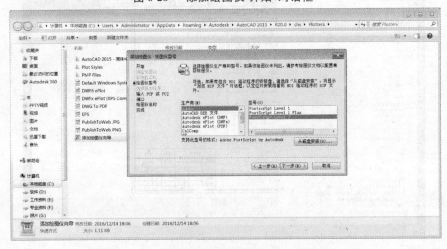

图 6-29 "添加绘图仪-绘图仪型号"对话框

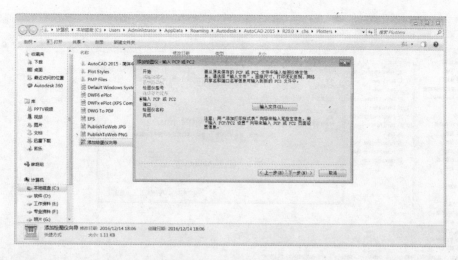

图 6-30 "添加绘图仪-输入 PCP 或 PC2"对话框

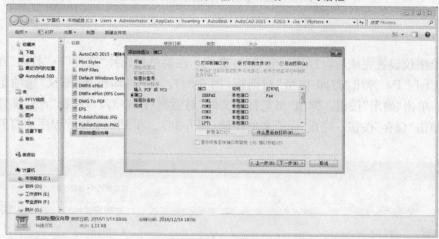

图 6-31 "添加绘图仪-端口"对话框

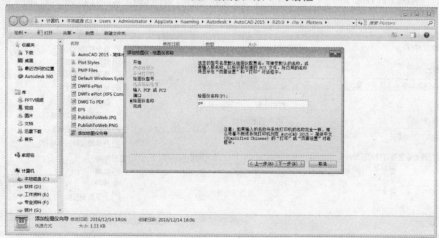

图 6-32 "添加绘图仪-绘图仪名称"对话框

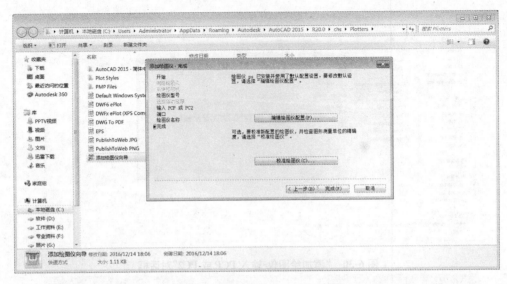

图 6-33　"添加绘图仪-完成"对话框

　　虚拟绘图仪设置完成后，打开一个 CAD 文档，在菜单栏选择"文件"→"打印"命令或者按组合键 Ctrl＋P，弹出"打印-模型"对话框（图 6-34），在"打印机/绘图仪"选项组中选择"ps. pc3"，单击"确定"按钮，弹出"浏览打印文件"对话框（图 6-35），选择"eps"文件存储的文件夹，单击"保存"按钮，完成"eps"文件存储（图 6-36）。在 Photoshop 程序中打开该文件即可。

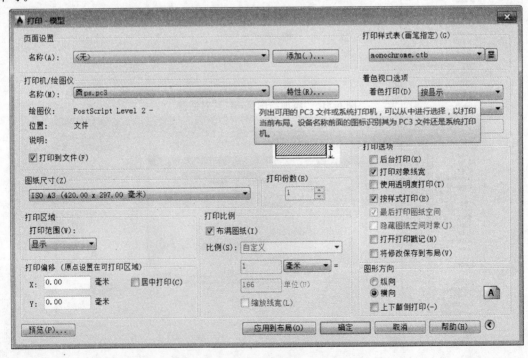

图 6-34　"打印-模型"对话框

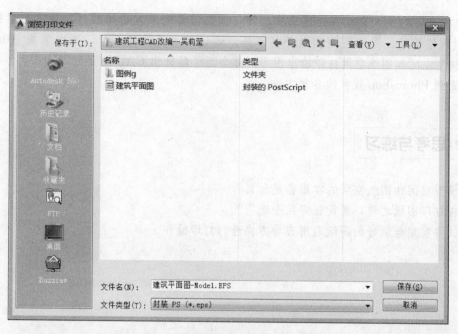

图 6-35 "浏览打印文件"对话框

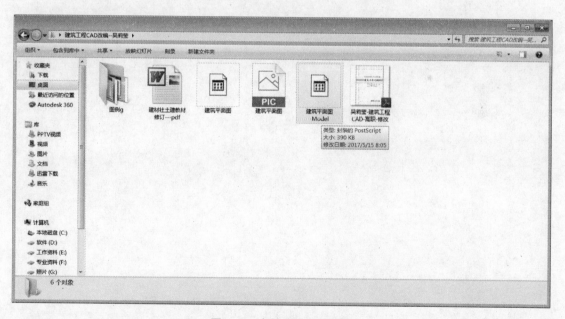

图 6-36 存储后的"eps"文件

小 结

本模块主要介绍图形打印输出的基本概念和操作。输出是指将图形打印输出到纸张及其他可打印介质，向他人直接提交图形文档，将图形链接到其他引用程序，输出到虚拟打印机，通过网络传递、发布图形和电子打印等。通过对本模块的学习，可以掌握 AutoCAD 2016 中模型空间和图纸空间打印输出图形，并全面了解输出 CAD 图形到 Word 软件和输出 CAD 图形到 Photoshop 软件的各种方法。

思考与练习

1. 模型空间和图纸空间的作用各是什么？
2. 在打印图纸之前，要设置哪几个选项？
3. 试将前期绘制好的图纸利用布局方式进行打印操作。

模块七　简单三维建模

《 学习重点 》

· 三维视图观测方法。
· 开窗洞墙体的绘制方法。
· 建筑三维模型的绘制方法。

《 学习目标 》

　　了解三维模型的类型；掌握三维视图观测方法，掌握开窗洞墙体及建筑三维模型的绘制方法。

课题一　三维作图基本知识

　　绘制三维图形具有直观、形象的特点。在绘制二维图形时，仅使用了 X 和 Y 两个坐标轴，而在绘制三维图形时，除了用到 X 轴和 Y 轴外，还需要用到 Z 轴。对于已绘制好的三维图形，通过旋转视点或对象即可很方便地得到平行视图或透视图。

　　三维图形有三个主要优点：

　　(1)可以从任意角度观察和打印绘制出的对象。

　　(2)三维对象包含了若干信息，可用于工程分析。

　　(3)可通过阴影和渲染等方式加强对象的可视性。

　　1. 三维模型的类型

　　(1)线框模型。线框模型由一些基本的点、直线和曲线构成，不包括平面，仅是三维对象的骨架。在建立线框模型时，除了可以用二维对象直接创建线框模型外，AutoCAD 2016 也提供了一些直接绘制三维线框模型的对象，如三维多段线和样条曲线等。

　　(2)表面模型。表面模型不仅定义了三维对象的边，还定义了它的表面，即具有面的特征。AutoCAD 2016 中的表面模型是用多边形网格来定义的。由于网格面是微小平面，所以网格表面是近似的曲面。

　　(3)实体模型。实体模型是最方便、最容易使用的一种三维模型。AutoCAD 2016 提供了多种基本实体模型，如长方体、圆锥体、圆柱体等。利用这些基本的实体，通过挖孔、挖槽、倒角以及布尔运算等操作，可以生成更复杂的实体，也可以将二维对象沿路径放样或绕轴旋转来创建实体。

2. 三维图形的观察及视窗控制

AutoCAD 2016 中常用的三维视图观测方法有四种。

(1)利用"视点"命令。调出该命令的方法：

1)命令行输入："Vpoint"；

2)菜单栏："视图"→"三维视图"→"视点"。

执行"视点"命令后，屏幕上将弹出如图 7-1 所示的罗盘和坐标架图标。

罗盘是一个包含三极的圆球，罗盘中心代表北极，小圆代表赤道，大圆代表南极。当罗盘中的"+"符号在小圆内时表示从 Z 轴正方向向下视图，当"+"在小圆外时则表示从 Z 轴正方向向上视图。

(2)利用"视点预设"命令。调出该命令的方法：

1)命令行输入："DDvpoint"；

2)菜单栏："视图"→"三维视图"→"视点预设"。

执行"视点预设"命令后，屏幕上将弹出如图 7-2 所示的对话框。

用户可以在矩形表盘和半圆形表盘中进行设置。半圆形表盘设置与 XY 平面的夹角，矩形表盘设置与 X 轴的夹角，也可以直接在相应的文本框中进行设置。

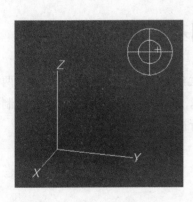

图 7-1　视点

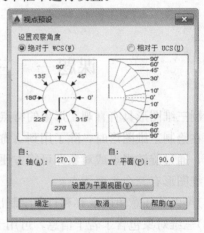

图 7-2　"视点预设"对话框

(3)ViewCube 控制视点。ViewCube 工具是一种可单击、可拖曳的界面，默认位于 AutoCAD 2016 绘图页面的左上角。它可用于在模型的各标准视图和各等轴测视图之间进行切换。如图 7-3 所示，它将以非活动状态显示在窗口中的一角（模型上方），将光标放置其上时，该工具变为活动状态。用户可以拖曳或单击切换至可用视图。

(4)建立多视窗通过视口控制。调出命令的方法：

1)命令行输入："Vports"；

2)菜单栏："视图"→"视口"→"命名视口"。

执行"命令视口"命令后，系统弹出"视口"对话框如图 7-4

图 7-3　ViewCube 工具

所示。在该对话框中可以合理选择标准视口的个数及各自的视图方向，从而满足绘图要求。

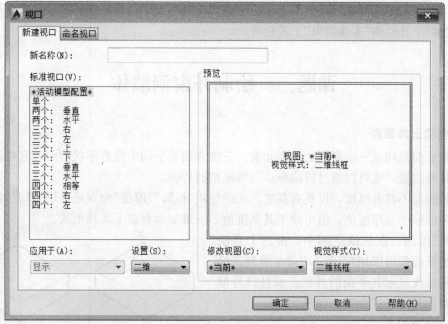

图 7-4 "视口"对话框

因本方式能够显示多个视图方向，便于在绘图过程中全方位把握所绘制图形的情况。在一般的三维建模过程中，通常按照工程制图的三视图布局方式按图 7-5 所示建立四个视口并分别修改视图方向，从而满足绘图要求。

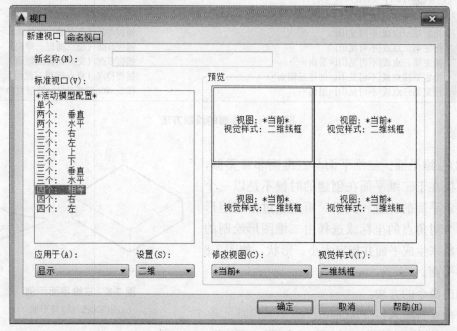

图 7-5 视口设置方法

3. AutoCAD 2016 中三维建模常用的工具

在 AutoCAD 2016 中，提供了若干三维建模工具栏便于进行三维建模，其中常用的工具栏有"建模"工具栏和"实体编辑"工具栏等。

课题二　绘制开窗洞墙体

1. 创建三维表面

三维表面是构成三维形体的重要元素。三维表面是空间中任意形状的面，它可以放置在空间中任意位置，也可以通过拼接形成三维模型的外壳。

三维表面不具有厚度，仅具有高度。无论是用"标高""厚度"命令还是用"修改对象特性"命令都不能赋予其厚度值，但可赋予其高度值。三维表面有以下几种形式。

(1)三维面。在三维空间中，由三个点决定的任意平面都可以用"3DFace"命令绘制。绘制出的图形仅显示其平面的外框，而且该外框还可以根据需要进行隐藏。

调出命令的方法：

1)命令行输入："3DFace"；

2)菜单栏："绘图"→"建模"→"网格"→"三维面"。

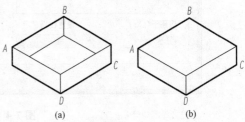

图 7-6　三维面示例
(a)加顶盖前；(b)加顶盖后

如要在已绘制好的方盒上加上一个顶盖(图 7-6)，具体操作如图 7-7 所示。

命令：3DFACE	
指定第一点或[不可见(I)]	捕捉A点（交点捕捉三维面）
指定第二点或[不可见(I)]	捕捉B点（交点捕捉三维面）
指定第三点或[不可见(I)]<退出>：	捕捉C点（交点捕捉三维面）
指定第四点或[不可见(I)]<创建三侧面>：	捕捉D点（交点捕捉三维面）
指定第三点或[不可见(I)]<退出>：	按Space键或Enter键退出命令

图 7-7　三维面的绘制方法

(2)三维平面。三维平面与三维面非常类似，不同之处在于三维平面在创建的时候不是以三个点来决定平面的位置、大小，而是通过指定矩形面的两个对角点的坐标或选择由二维图形绘制的线框对象来生成平面并指定大小、形状，如图 7-8 所示的平面。

调出命令的方法：

1)命令行输入："Planesurf"；

2)菜单栏："绘图"→"建模"→"曲面"→"平面"；

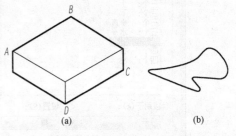

图 7-8　三维平面示例
(a)矩形面；(b)异形面

3)单击"曲面创建"工具栏中的"✐"按钮。

三维平面的创建方式分为通过指定待创建曲面的各个角点创建三维平面和直接选择二维线框对象创建三维平面两种方式。若需创建一个矩形面,可输入如图 7-9(a)所示的矩形面的两个对角点创建三维矩形面;若需创建一个异形面,可直接选择以输入对象的方式创建三维平面,然后再选择需转换为三维平面的二维线框图形。两种创建三维平面的具体操作分别如图 7-9(a)及图 7-9(b)所示。

命令: _Planesurf	
指定第一个角点或[对象(O)]<对象>:	捕捉A(或B)点(交点捕捉三维面)
指定其他角点:	捕捉C(或D)点(交点捕捉三维面)

(a)

命令: _Planesurf	
指定第一个角点或[对象(O)]<对象>:	选择二维线框对象(需转换为面的)

(b)

图 7-9 三维平面的绘制方法
(a)创建矩形面;(b)创建异形面

(3)直纹曲面。直纹曲面是用于表示两条直线或曲线之间的曲面的网格。使用该命令需选择两条用于定义网格的边。边可以是直线、圆弧、样条曲线、圆或多段线。如果有一条边是闭合的,那么另一条边也必须是闭合的。也可以将点用作开放曲线或闭合曲线的一条边。

该命令常用于绘制如图 7-10(b)、(c)所示复杂的建筑屋面造型、装饰等异形构件。

 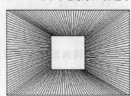 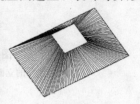

(a) (b) (c)

图 7-10 直纹曲面形式的斜坡屋面
(a)创建前的平面图;(b)创建后的平面图;(c)创建后的三维图

调出命令的方法:
1)命令行输入:"Rulesurf";
2)菜单栏:"绘图"→"建模"→"网格"→"直纹网格"。
直纹曲面的具体操作如图 7-11 所示。

命令: SURFTAB1	输入SURFTAB1值用于控制风格密度
输入 SURFTAB1的新值<6>: 160	
命令: RULESURF	
当前线框密度: SURFTAB1=160	
选择第一条定义曲线:	选择其中一个矩形
选择第二条定义曲线:	选择另外一个矩形

图 7-11 直纹曲面的绘制方法

注：SURFTAB1 系统变量控制着直纹曲面的网格密度，密度越大，生成的面就越光滑。

（4）旋转曲面。在进行三维建模过程中，可利用旋转曲面命令将形体截面的外轮廓围绕某一指定的旋转轴旋转一定的角度后生成网格曲面。所生成的旋转曲面网格密度可用"Surftab1"和"Surftab2"分别控制 M、N 方向上的密度。其中 M 方向指旋转轴定义的方向，N 方向指旋转轨迹定义的方向。

该命令常用于创建复杂的如图 7-12(b)、(c)所示的建筑形体、建筑细部、室内装饰、机械零件及玩具等。

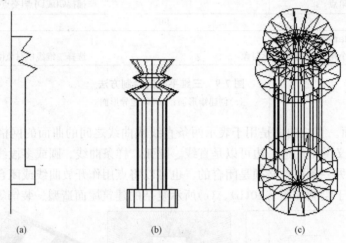

(a)   (b)   (c)

图 7-12　旋转曲面绘制的异形柱

(a)创建前的立面图；(b)创建后的立面图；(c)创建后的三维图

调出命令的方法：

1)命令行输入："Revsurf"；

2)菜单栏："绘图"→"建模"→"网格"→"旋转网格"。

旋转曲面的具体操作如图 7-13 所示。

命令：surftab1	输入SURFTAB1值用于控制M方向
输入　SURFTAB1的新值<160>:16	上的网格密度
命令：surftab2	输入SURFTAB2值用于控制N方向
输入　SURFTAB2的新值<6>:16	上的网格密度
命令：revsurf	选择不规则多段线
当前线框密度：SURFTAB1=16　SURFTAB2=16	
选择要旋转的对象：	选择竖线
选择定义旋转轴的对象：	
指定起点角度<0>:	指定开始旋转的角度(用默认值0)
指定包含角（+=逆时针，-=顺时针），<360>:	指定共旋转的角度及方向(用默认值360)

图 7-13　旋转曲面的绘制方法

（5）平移曲面。由一条路径轨迹沿着某一指定矢量方向拉伸形成的曲面称为平移曲面。在拉伸过程中，该方向矢量将沿着指定的路径轨迹曲线移动，形成如图 7-14（b）所示的曲面。

该命令常用于绘制玻璃幕墙、窗帘等。拉伸曲面的网格密度可用"Surftab1"控制。

调出命令的方法：

1）命令行输入："Tabsurf"；

2）菜单栏："绘图"→"建模"→"网格"→"平移网格"。

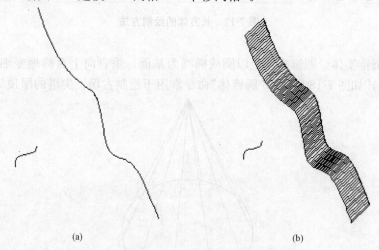

(a)　　　　　　　　　　　　(b)

图 7-14　平移曲面绘制的图形

（a）平移曲面创建前；（b）平移曲面创建后

平移曲面的具体操作如图 7-15 所示。

命令：tabsurf	
当前线框密度：SURFTAB1=120	
选择用作轮廓曲线的对象：	选择路径轨迹线 AB 作为轮廓曲线
选择用作方向矢量的对象：	选择矢量拉伸多段线 CD 作为方向矢量

图 7-15　平移曲面的绘制方法

2. 创建三维实体

三维实体是 AutoCAD 中一种最常见的三维形体。三维实体是由实心体构成的各种形体，在绘制时可以通过输入实体的控制尺寸由 AutoCAD 软件自动生成，也可以用二维图形经过拉伸或旋转生成。同时，因为三维实体内部是实心的，可以通过布尔运算进行打孔、挖槽、合并等操作，进一步形成更为自由而复杂的形体。

（1）绘制长方体。长方体是以矩形作为基面以及指定高度所绘制而成的三维实体，如图 7-16 所示。

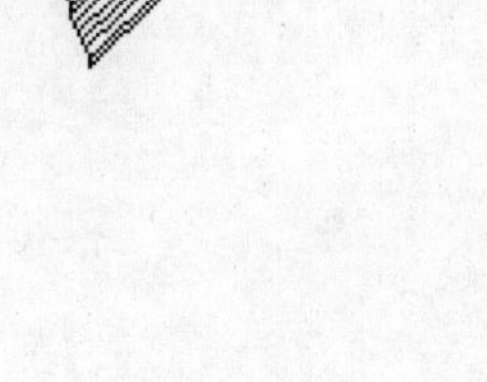

调出命令的方法：

1）命令行输入："Box"；

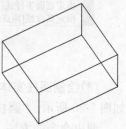

图 7-16　长方体

2)菜单栏:"绘图"→"建模"→"长方体";

3)单击"建模"工具栏中的"▱"按钮。

绘制长方体的具体操作如图 7-17 所示,先输入基面矩形的两个角点,再输入长方体的高度值。

```
命令: box
指定第一个角点或[中心(C)]:
指定其他角点或[立方体(C)/长度(L)]:
指定高度或[两点(2P)]<200.0000>: 2000
```

图 7-17　长方体的绘制方法

(2)绘制圆锥实体。圆锥实体是以圆或椭圆为基面,垂直向上对称地变细直至相交于一点的三维实体,如图 7-18 所示。"圆锥体"命令常用于绘制古堡、尖塔的屋顶等。

图 7-18　圆锥实体

调出命令的方法:

1)命令行输入:"Cone";

2)菜单栏:"绘图"→"建模"→"圆锥体";

3)单击"建模"工具栏中的"△"按钮。

绘制圆锥实体的具体操作如图 7-19 所示,先输入基面圆的中心点和半径(或选择绘制椭圆作为基面,输入椭圆的长短轴长度),再输入圆锥体的高度。

```
命令: cone
指定底面的中心点或[三点(3P)/两点(2P)/切点、切点、半径(T)/椭圆(E)]:
指定底面半径或[直径(D)]<600.0000>:
指定高度或[两点(2P)/轴端点(A)/顶面半径(T)]<2000.0000>:
```

图 7-19　圆锥实体的绘制方法

(3)绘制圆柱实体。圆柱实体是以圆或椭圆为基面,垂直向上无锥度拉伸的三维实体,如图 7-20 所示。"圆柱体"命令常用于绘制柱子、旗杆等。

调出命令的方法:

1)命令行输入:"Cylinder";

2)菜单栏："绘图"→"建模"→"圆柱体"；

3)单击"建模"工具栏中的"⬜"按钮。

绘制圆柱实体的具体操作如图 7-21 所示，先输入基面圆的中心点和半径(或选择绘制椭圆作为基面，输入椭圆的长短轴长度)，再输入圆柱体的高度。

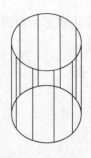

图 7-20 圆柱实体

命令：cylinder
指定底面的中心点或[三点(3P)/两点(2P)/切点、切点、半径(T)/椭圆(E)]:
指定底面半径或[直径(D)]<600.0000>:
指定高度或[两点(2P)/轴端点(A)]<2000.0000>:

图 7-21 圆柱实体的绘制方法

(4)绘制实心球体。实心球体是由一个半径(直径)以及球心组成的三维实体，如图 7-22 所示。"球体"命令常用于绘制球形门把手、球形建筑主体等。

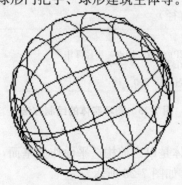

图 7-22 实心球体

调出命令的方法：

1)命令行输入："Sphere"；

2)菜单栏："绘图"→"建模"→"球体"；

3)单击"建模"工具栏中的"⭕"按钮。

绘制实心球体的具体操作如图 7-23 所示，先输入球体的中心点再输入半径(或直径)。

命令：SPHERE
指定中心点或[三点(3P)/两点(2P)/切点、切点、半径(T)]:
指定半径或[直径(D)]<600.0000>:

图 7-23 实心球体的绘制方法

(5)绘制圆环实体。圆环实体是由圆管半径和从圆环中心到圆管中心的距离这两个半径所共同定义而成的三维实体，如图 7-24 所示。"圆环体"命令常用于绘制建筑装饰构件等。

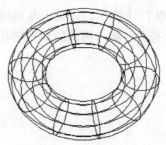

图 7-24　圆环实体

调出命令的方法：

1)命令行输入："Torus"；

2)菜单栏："绘图"→"建模"→"圆环体"；

3)单击"建模"工具栏中的"◎"按钮。

绘制圆环实体的具体操作如图 7-25 所示，先输入圆环实体的中心点，再输入半径（或直径），最后输入圆管的半径（或直径）。

命令：TORUS
指定中心点或[三点(3P)/两点(2P)/切点、切点、半径(T)]：
指定半径或[直径(D)]<600.0000>：
指定圆管半径或[两点(2P)/直径(D)]：200

图 7-25　圆环实体的绘制方法

(6)绘制楔形实体。楔形实体是以当前构造平面作为基面，其斜面的坡度方向与 X 轴方向一致所绘制而成的三维实体，如图 7-26 所示。

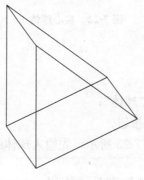

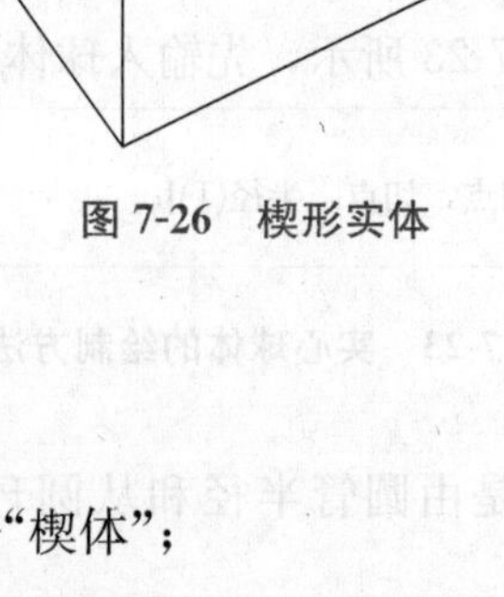

图 7-26　楔形实体

调出命令的方法：

1)命令行输入："Wedge"；

2)菜单栏："绘图"→"建模"→"楔体"；

3)单击"建模"工具栏中的"□"按钮。

绘制楔形实体的具体操作如图 7-27 所示，先确定楔体底面第一角点，再输入楔形实体底边长、宽和楔形实体的高度。

```
命令：WEDGE
指定第一个角点或[中心(C)]：
指定其他角点或[立方体(C)/长度(L)]：l
指定长度：300
指定宽度：150
指定高度或[两点(2P)]<2000.0000>：500
```

图 7-27　楔形实体的绘制方法

(7)面域的转换。在 AutoCAD 2016 中，除前面六种直接绘制的实体外，还可先用"面域"命令把二维封闭图形转换为面域对象，再利用拉伸或旋转二维实体的方式来创建三维实体。

直线、多段线、圆及椭圆等构成的二维封闭图形都可以利用"面域"命令转换为面域对象。

调出命令的方法：

1)命令行输入："Region"；

2)菜单栏："绘图"→"面域"；

3)单击"绘图"工具栏中的"□"按钮。

创建面域实体的具体操作如图 7-28 所示，选择被转换为面域的二维封闭图形就可以将其转换为面域对象。

```
命令：REGION
选择对象：找到1个
选择对象：
已提取1个环。
已创建1个面域。
```

图 7-28　面域实体的创建方法

(8)绘制拉伸实体。任何二维封闭图形都可沿指定路径拉伸为如图 7-29(b)所示的复杂的三维实体。"拉伸"命令常用于绘制楼梯栏杆、管道、异形装饰物等一些复杂形体。

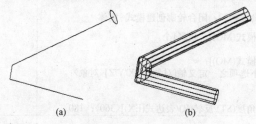

(a)　　　　　　　　(b)

图 7-29　拉伸示例

(a)拉伸前的图形；(b)拉伸后的实体

调出命令的方法：

1)命令行输入："Extrude"；

2)菜单栏："绘图"→"建模"→"拉伸";

3)单击"建模"工具栏中的"⬆"按钮。

使用"拉伸"命令的具体操作如图 7-30 所示,先选择要拉伸的平面对象,再输入被拉伸的高度或选择被拉伸的路径。

```
命令：EXTRUDE
当前线框密度：ISOLINES=10，闭合轮廓创建模式=实体

选择要拉伸的对象或[模式(MO)]：找到1个

选择要拉伸的对象或[模式(MO)]：
指定拉伸的高度或[方向(D)/路径(P)/倾斜角(T)/表达式(E)]<500.0000>：P(选择拉伸)
```

图 7-30　使用"拉伸"命令绘制实体的方法

(9)绘制旋转实体。旋转实体是将一些二维图形绕指定的轴旋转而生成的三维实体,如图 7-31(b)所示。这些二维图形可以是圆、椭圆、二维多段线和面域,但多段线必须是密闭的。

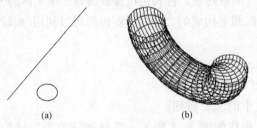

　　(a)　　　　　　　　　　　　　(b)

图 7-31　旋转实体示例

(a)旋转前的图形;(b)旋转后的实体

调出命令的方法：

1)命令行输入："Revolve";

2)菜单栏："绘图"→"建模"→"旋转";

3)单击"建模"工具栏中的"🗔"按钮。

使用"旋转"命令的具体操作如图 7-32 所示,先选择要旋转的对象(圆),再在指定旋转轴时设置为选择对象并选择旋转轴(直线),最后指定旋转的角度。

```
命令：revolve
当前线框密度：ISOLINES=32，闭合轮廓创建模式=实体

选择要旋转的对象或[模式(MO)]：找到1个

选择要旋转的对象或[模式(MO)]：
指定轴起点或根据以下选项之一定义轴[对象(O)/X/Y/Z]<对象>：
选择对象：
指定旋转角度或[起点角度(ST)/反转(R)/表达式(EX)]<360>：180
```

图 7-32　使用"旋转"命令绘制实体的方法

(10)布尔运算。一般来说,创建三维实体的命令都只能生成一些简单的单独实体,而通过布尔运算后,AutoCAD 可以将多个三维实心体模型进行编辑计算,从而创建出复杂多变的形体。

所谓布尔运算，就是对各个三维实体和二维面域进行并集、差集和交集的计算。

1)并集。并集是将多个单独实体合并成一个整体，如果实体间有重叠部分，将合并为如图 7-33(b)、(d)所示的一个整体。

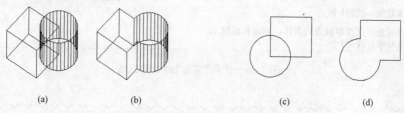

(a)　　　　　(b)　　　　　(c)　　　　　(d)

图 7-33　并集的示例

(a)并集前的实体；(b)并集后的实体；(c)并集前的面域；(d)并集后的面域

调出命令的方法：

①命令行输入："Union"；

②菜单栏："修改"→"实体编辑"→"并集"；

③单击"实体编辑"工具栏中的"◎"按钮。

使用"并集"命令的具体操作如图 7-34 所示，同时选择需要参与并集运算的多个实体。

命令：union
选择对象：找到1个
选择对象：找到1个，总计2个

图 7-34　使用"并集"命令的方法

> **注：**可以用交叉窗口方式一次选择多个实体；多个实体进行并集运算后，它们形成的是一个整体；进行并集运算的实体可以是不接触的。

2)差集。差集是从所选三维实体组或面域中减去一个或多个实体或面域形成的一个新的实体或面域，如图 7-35(b)、(d)所示。

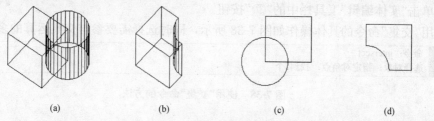

(a)　　　　　(b)　　　　　(c)　　　　　(d)

图 7-35　差集示例

(a)差集前的实体；(b)差集后的实体；(c)差集前的面域；(d)差集后的面域

调出命令的方法：

①命令行输入："Substract"；

②菜单栏："修改"→"实体编辑"→"差集"；

③单击"实体编辑"工具栏中的"◎"按钮。

使用"差集"命令的具体操作如图 7-36 所示，先选择需要利用差集被减去一部分的实体，再选择需要利用差集减去的那些实体。

> 命令：subtract选择要从中减去的实体、曲面和面域…
>
> 选择对象：找到1个
>
> 选择对象：选择要减去的实体、曲面和面域…
> 选择对象：找到1个

图 7-36　使用"差集"命令的方法

> **注**：差集运算中被减的实体与作为减数的实体，必须有公共部分，否则将会出现问题，但选择的实体与面域不相交时，要减去的对象将被删除。

3)交集。与数学中求交集的计算方法一样，"交集"命令用于确定多个面域或实体之间的公共部分，计算并生成相交部分形体，而每个面域或实体的非公共部分便会被删除，如图 7-37(b)、(d)所示。

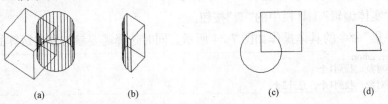

（a）　　　　（b）　　　　（c）　　　　（d）

图 7-37　交集示例

(a)交集前的实体；(b)交集后的实体；(c)交集前的面域；(d)交集后的面域

调出命令的方法：

①命令行输入："Intersect"；

②菜单栏："修改"→"实体编辑"→"交集"；

③单击"实体编辑"工具栏中的"⬡"按钮。

使用"交集"命令的具体操作如图 7-38 所示，同时选择需要参与交集运算的多个实体。

> 命令：intersect
> 选择对象：指定对角点：找到2个

图 7-38　使用"交集"命令的方法

> **注**：交集运算中选取的实体和面域之间必须有公共部分，否则将删除实体或面域。

3. 消隐和着色

使用 AutoCAD 系统提供的消隐和着色功能可以增强三维实体的空间感，加强显示效果。

(1)消隐。使用"消隐"命令可以在观察三维图形的时候，让被遮挡住的部分不显示在屏幕上，从而达到更加逼真的三维影像效果[图 7-39(b)]。

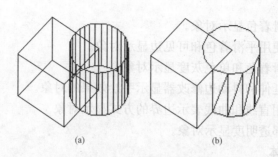

(a)　　　　　　　　　(b)

图 7-39　消隐示例

(a)消隐前的实体；(b)消隐后的实体

调出命令的方法：

1)命令行输入："Hide"；

2)菜单栏："视图"→"消隐"；

3)单击"渲染"工具栏中的"⬡"按钮。

(2)着色。AutoCAD 中有"真实""概念""着色"和"带边缘着色"等多种着色方式，使用"着色"命令可以控制实体的显示颜色，从而生成如图 7-40 所示具有真实感的实体。

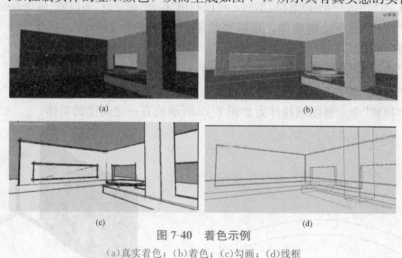

(a)　　　　　　　　　(b)

(c)　　　　　　　　　(d)

图 7-40　着色示例

(a)真实着色；(b)着色；(c)勾画；(d)线框

1)调出命令的方法。

①命令行输入："Vscurrent"；

②菜单栏："视图"→"视觉样式"→"着色"。

2)选项说明。

①二维线框：通过使用直线和曲线表示边界的方式显示对象。光栅图像、OLE 对象、线型和线宽均可见。

②概念：使用平滑着色和古氏面样式显示对象。古氏面样式在冷暖颜色而不是明暗效果之间转换。效果缺乏真实感，但是可以更方便地查看模型的细节。

③隐藏：使用线框表示法显示对象，而隐藏表示背面的线。

④真实：使用平滑着色和材质显示对象。

⑤着色：使用平滑着色显示对象。

⑥带边缘着色：使用平滑着色和可见边显示对象。

⑦灰度：使用平滑着色和单色灰度显示对象。

⑧勾画：使用线延伸和抖动边修改器显示手绘效果的对象。

⑨线框：通过使用直线和曲线表示边界的方式显示对象。

⑩X 射线：以局部透明度显示对象。

4. 完成开窗洞墙体

在 AutoCAD 中绘制三维建筑图纸，首要的工作任务是建立墙体模型，然后在墙体模型上进行开门窗洞工作。

(1)熟悉工程图纸。要建立一个开窗洞的墙体，至少需要平面图和立面图两份图纸。平面图具备了墙体的厚度以及窗体的宽度等信息，而立面图则具备了墙体(即楼层)的高度、窗体的高度及窗台的高度等信息。

(2)建立墙体模型。在实际工程应用中，常见的墙体形状包括直墙和弧墙两种。墙体在 AutoCAD 中是以三维实体的形式存在的，如果是采用三维面创建的墙体，在后期的开窗洞过程中会出现墙体内部空心的情况，影响模型的整体效果。

在 AutoCAD 2016 中创建墙体模型时，可以利用"拉伸"命令或"多段体"命令等绘制三维墙体。

1)利用"拉伸"命令绘制墙体。现需要绘制一段宽度为 240mm、高度为 2 800mm 的直墙。操作步骤如下：

①利用"多段线"命令勾画如图 7-41 所示的封闭的墙体平面轮廓。

②利用"面域"命令将封闭的多段线转换为面域。

③利用"拉伸"命令将面域拉伸为如图 7-42 所示的有一定高度的墙体。

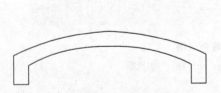

图 7-41 利用"多段线"命令
绘制墙体平面轮廓

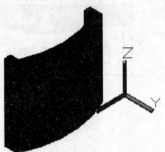

图 7-42 利用"拉伸"命令
绘制具有一定高度的墙体

2)利用"多段体"命令绘制墙体。在 AutoCAD 2016 中，提供了一个"多段体"命令，可以用来快速绘制如图 7-43 所示的三维墙体。

调出命令的方法：

①命令行输入："Polysolid"；

②菜单栏："绘图"→"建模"→"多段体"；

③单击"渲染"工具栏中的"⬚"按钮。

图 7-43 利用"多段体"命令绘制三维墙体

使用"多段体"命令的具体操作如图 7-44 所示，先设置墙体的高度和宽度，再捕捉墙体中线绘制墙体，使用方法和"多段线"命令一致。

```
命令：POLYSOLID
高度=80.0000，宽度=5.0000，对正=居中
指定起点或[对象(O)/高度(H)/宽度(W)/对正(J)]<对象>：h 指定高度<80.0000>：24
高度=2400.0000，宽度=5.0000，对正=居中
指定起点或[对象(O)/高度(H)/宽度(W)/对正(J)]<对象>：W
指定宽度<5.0000>：240 高度=2400.0000，宽度=240.0000，对正=居中
指定起点或[对象(O)/高度(H)/宽度(W)/对正(J)]<对象>：
指定下一个点或[圆弧(A)/放弃(U)]：
指定下一个点或[圆弧(A)/放弃(U)]：a 指定圆弧的端点或[闭合(C)/方向(D)/直径(L)
指定下一个点或[圆弧(A)/闭合(C)/放弃(U)]：指定圆弧的端点或[闭合(C)/方向(D)/线(L)
指定下一个点或[圆弧(A)/闭合(C)/放弃(U)]：
指定下一个点或[圆弧(A)/闭合(C)/放弃(U)]：
```

图 7-44 使用"多段体"命令的方法

（3）绘制用于墙体开窗洞的实体。

1）墙体开矩形窗洞所用实体的绘制方法。现需要为已经绘制好的墙体开一个宽度为 1 800mm、高度为 1 500mm、窗台高为 1 000mm、水平位置墙体中间的窗洞。

操作步骤如下：

①绘制用于开窗洞的立方体。在俯视图上，利用"立方体"命令可以绘制如图 7-45 所示的用于开窗洞的立方体。在绘图过程中，需要分别指定立方体的长度、宽度和高度。

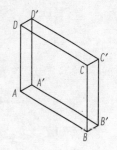

图 7-45 用于开窗洞的立方体

需要特别注意的是，此处设置的立方体的长度应为窗洞的深度，长度值应超过墙体的厚度值，立方体的宽度为窗洞的宽度，立方体的高度为窗洞的高度。

使用"立方体"命令绘制用于墙体开窗洞的实体，具体操作如图 7-46 所示，先指定立方体的第一个角点，然后选择输入长度，再依次输入略大于墙体厚度的值、窗洞的宽度及窗洞的高度。

```
命令：BOX
指定第一个角点或[中心(C)]：
指定其他角点或[立方体(C)/长度(L)]：L
指定长度<1800.0000>：300
指定宽度<300.0000>：1800
指定高度或[两点(2P)]<1500.0000>：
```

图 7-46 绘制用于开窗洞的立方体的方法

②调整立方体在空间中的位置。调整如图 7-47 所示的立方体在墙体中的位置（主要是便于后期为墙体开设窗洞）。调整其位置时需要调整立方体在空间中的高度及其在墙体上的水平位置。

③如图 7-48 所示，在俯视图中通过"端点捕捉"命令移动立方体，使其 B' 点与墙体西立面的右下角点重合。

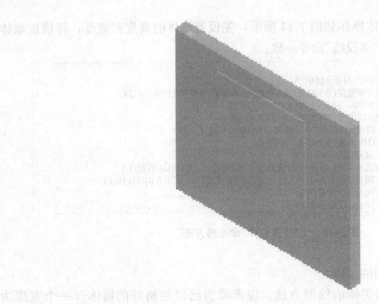

图 7-47 用于开窗洞的立方体在墙体上的位置

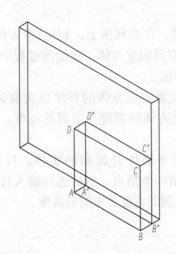

图 7-48 在俯视图中移动用于开窗洞的立方体示例

④如图 7-49 所示，在左视图中将立方体水平移动 900，使其位于墙体水平位置的中间。

⑤如图 7-50 所示，在前视图中将立方体竖直向上移动 1 000，使其窗台位于指定高度。

⑥如图 7-51 所示，在左视图中将立方体水平向右移动 270，使其完全穿过墙体。

2)墙体开异形窗洞所用实体绘制方法。墙体开异形窗洞，实体位置的调整方法与墙体开矩形窗洞无异。在创建开异形窗洞所用实体时，应注意在立面视图上绘制好窗洞形状，在转换为面域后再利用"拉伸"命令增加其厚度（超过墙体厚度即可）。

（4）利用布尔运算工具完成开窗洞墙体。在墙体中开窗洞相当于在墙体三维实体模型中减去用于开窗洞的实体模型部分。

在实际操作中，可以利用布尔运算工具中的"差集"命令很轻松地实现如图 7-52 所示的开窗洞墙体。

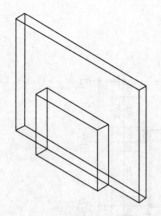

图 7-49   在左视图中移动用于
开窗洞的立方体示例

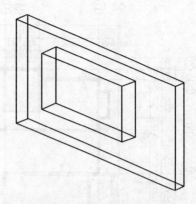

图 7-50   在前视图中移动用于
开窗洞的立方体示例

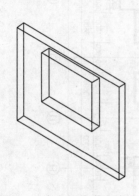

图 7-51   在左视图中移动用于
开窗洞的立方体示例

图 7-52   开窗洞墙体示例

使用"差集"命令时，提示"选择要从中减去的实体、曲面和面域…"时应选择代表墙体的实体；提示"选择要减去的实体、曲面和面域…"时应选择代表用于开窗洞的实体。

> 注：利用"差集"命令在墙体实体上开窗洞时，一面墙体上可同时选择多个用于开窗洞的实体，从而一次完成该面墙体开窗洞的工作。

课题三   绘制建筑三维模型

1. 准备工作

（1）创建工作空间。

1）进入 AutoCAD 2016，打开如图 7-53、图 7-54 所示的建筑施工图并取名另存。

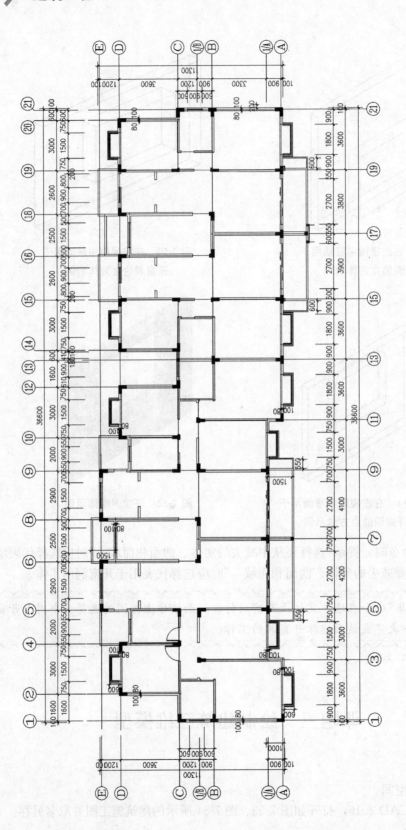

图7-53　建筑各楼层平面施工图示例

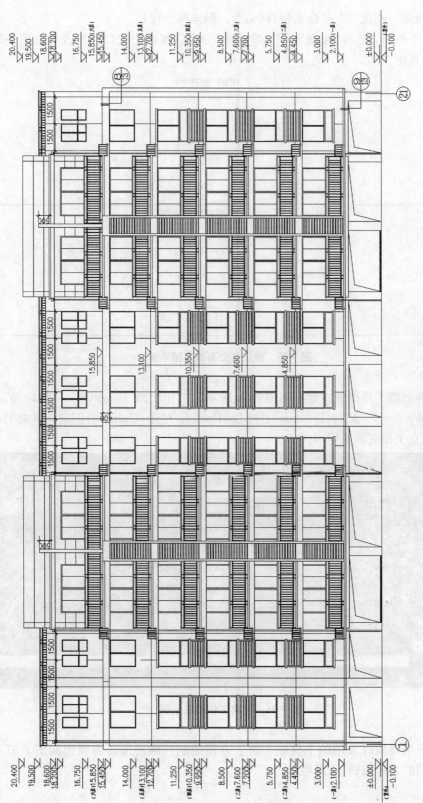

图7-54　建筑各立面施工图示例

2)选择"视图"→"视口"→"命名视口"命令，创建四个视口。

3)选择每个视口，选择"视图"→"三维视图"命令，将四个视口分别改为如图 7-55 所示的四种不同的视图。

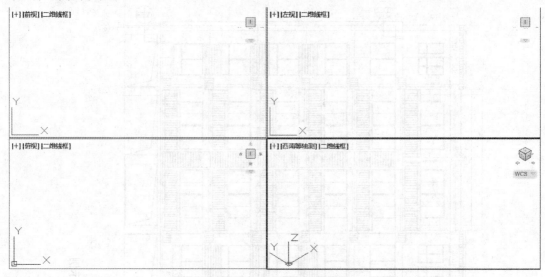

图 7-55　建筑各立面施工图示例

(2)创建并调整工作图层。建立如图 7-56 所示的工作底图(Basemap)、墙体(Wall)、门(Door)、窗(Window)、阳台(Balcony)、屋顶(Roof)、柱子(Column)图层，并将打开的建筑施工图调整在工作底图图层中。

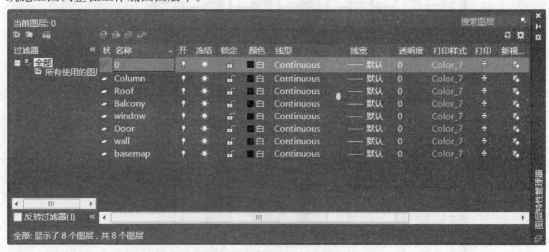

图 7-56　创建工作图层示例

(3)调用三维建模时常用的工具栏。为了方便绘制三维房屋，需调用如图 7-57 所示的"建模"工具栏和"实体编辑"工具栏。

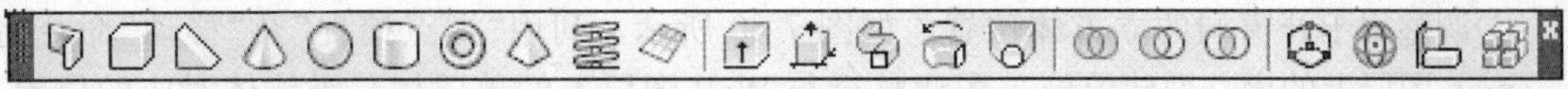

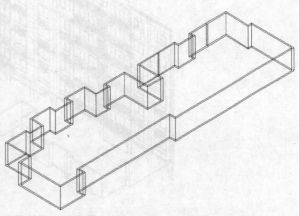

图 7-57　调用常用工具栏示例

(a)"建模"工具栏；(b)"实体编辑"工具栏

2. 绘制三维墙体

(1)利用"多段体"命令绘制单层楼墙体。在前面已经打开并整理了建筑各层平面施工图。在操作过程中，可以通过捕捉施工图中的墙线的方式来绘制如图 7-58 所示的单层楼三维墙体。

1)设置多段体的高度。从施工图中可以得知，整个建筑物各层高度均为 2.75m，因此将多段体的高度设置为 2 750。

2)设置多段体的宽度。从施工图中可以得知，整个建筑物外墙厚度均为 180mm，所以将多段体的宽度设置为 180。

图 7-58　单层楼三维墙体示例

3)设置多段体的对正。从施工图中可以得知，整个建筑物的轴线并未在外墙中间位置，因此不能将多段体的对正方式设置为居中，而应该设置为"左对齐"或"右对齐"。

4)捕捉平面施工图墙体外轮廓角点绘制三维墙。因为在设置多段体的对正时设置的是"左对齐"模式，所以在捕捉平面施工图墙体轮廓角点时，应该按如图 7-59 所示的方式捕捉外轮廓点来绘制三维墙。

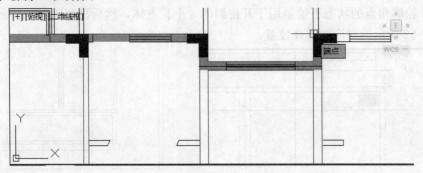

图 7-59　捕捉墙体轮廓点示例

(2)绘制开窗洞的三维墙体。

1)南立面墙体窗洞的开设。操作步骤如下：

①调整用于开窗洞的立方体位置。如图 7-60 所示，利用"端点捕捉"及"移动"命令将 Basemap 图层上的南立面建筑施工图调整至与 Wall 图层上的单层楼三维墙体对应的位置，使其南立面建筑施工图上的门窗位置直接与三维墙体对应。

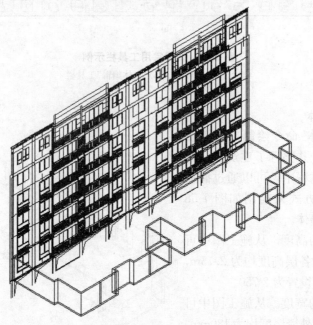

图 7-60　调整门窗位置示例

注：在此处移动的过程中因为线条比较多，一定要注意找到对应的墙体外轮廓线上的端点，切勿选择错误的端点。

②绘制用于开窗洞的长方体。从南立面施工图上可以发现有两种窗户和一种门，所以绘制时只需要使用"长方体"命令或"矩形"及"拉伸"命令在捕捉如图 7-61 所示的南立面施工图上的门窗外轮廓角点的状态下绘制用于开窗洞的 3 个长方体，然后再利用"复制"命令将其复制到如图 7-62 所示的对应的其他位置。

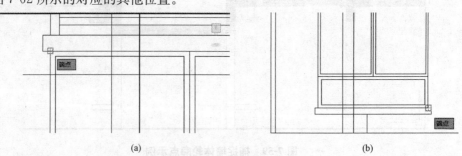

(a)　　　　　　　　　　　　　(b)

图 7-61　捕捉门窗的轮廓角点示例

(a)捕捉窗户的一个角点；(b)捕捉窗户的另一个角点

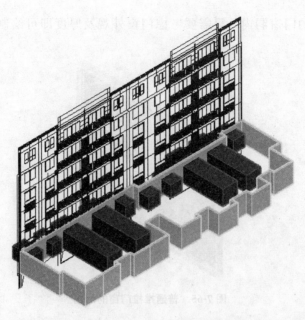

图 7-62   绘制用于开窗洞的长方体示例

③在南立面三维墙体上开窗洞。利用"差集"命令在南立面的三维墙体上减去用于开窗洞的立方体后得到如图 7-63 所示的开窗洞的墙体。

2)北、西、东立面墙体窗洞的开设。在北、西、东立面三维墙体上开设窗洞的方法与在南立面三维墙体上开设窗洞的方法一致。

完成四面开设窗洞后的墙体如图 7-64 所示。

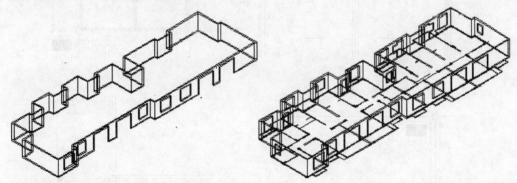

图 7-63   在南立面三维墙体上开窗洞的示例   图 7-64   完成四面开设窗洞后的墙体

3. 绘制门窗

在本案例所涉及的门窗中，外立面墙体上共有不同种类门窗 11 种，包括平开门、平开窗、推拉门、凸窗、门联窗等。

在绘制三维门窗时，先根据门窗大样图或标准图集分别将各种门窗绘制完成，再通过"移动"命令安装到对应的墙体上门窗洞的位置中。

（1）普通平开门窗及推拉门窗的绘制。普通平开门窗和推拉门窗的绘制方式基本一致，都是完整嵌入墙体的门窗洞内。只需要考虑门窗外观及厚度即可绘制出如图 7-65 所示的门窗。

图 7-65 普通推拉门窗的示例

1)门窗框的绘制。操作步骤如下：

①如图 7-66 所示，利用"矩形"命令在立面图上捕捉门窗大样图上门窗框的角点，绘制出两个用于表示窗框的矩形。

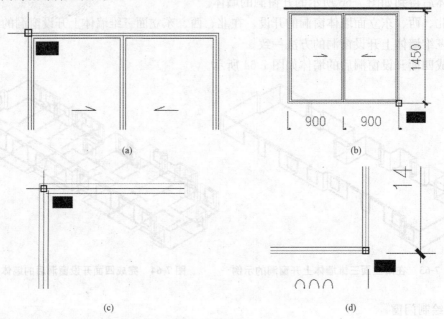

图 7-66 绘制窗框的示例

(a)捕捉窗框外侧的一个角点；(b)捕捉窗框外侧的另一个角点；
(c)捕捉窗框内侧的一个角点；(d)捕捉窗框内侧的另一个角点

②将这两个矩形利用"拉伸"命令拉伸 50，用于表示 50mm 厚度的窗框。然后利用"差集"命令计算、绘制出如图 7-67 所示的窗框。

2）玻璃及玻璃框的绘制。操作步骤如下：

①用与门窗框绘制同样的方式绘制厚度为 10mm 的玻璃外框及玻璃中框，接着利用布尔运算中的"并集"命令将外框和中框合并为一个窗框整体。

②利用"立方体"命令或"矩形"及"拉伸"命令绘制厚度为 5mm 的玻璃。

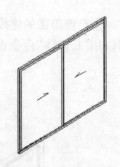

图 7-67 窗框的示例

③将玻璃及玻璃框组装成如图 7-68 所示的门窗玻璃。

3）单个门窗的拼装。在另一立面视图中移动玻璃框及玻璃的位置，将玻璃框移动 20 使其位于窗框中间，再向同样的方向将玻璃移动 22.5 使其位于玻璃框中间，完成单个门窗的拼装。

（2）凸窗的绘制。凸窗的位置与主墙体有一定的横向距离，而不是传统的安装在墙体中间。凸窗通常也称为阳光窗、飘窗。

通常凸窗在立面上只是窗户范围往室外飘出，在绘制时应考虑绘制凸窗除主墙体外的三面墙体。

图 7-68 玻璃及玻璃框的示例

1）凸窗单面的绘制。凸窗有三个单面需要绘制，其外观形态分别位于门窗大样图及不同侧的立面图上。在绘制凸窗单面时，绘制的方式与普通平开门窗及推拉门窗的绘制方法一致。

绘制好的单个凸窗的三个单面如图 7-69 所示。

(a)   (b)

图 7-69 凸窗的单面形态示例

(a)凸窗在门窗大样图上的单面形态；(b)凸窗在东西立面图上的单面形态

2）凸窗窗框的拼接。移动凸窗两个侧面的单面，使其与门窗大样图上的单面拼接起来，然后利用"并集"命令将三个单面的窗框拼接成如图 7-70 所示的凸窗。

3）凸窗雨篷及外设空调机位的绘制。操作步骤如下：

①凸窗雨篷的建模。凸窗雨篷为一悬挑结构的有一定厚度的板，在绘制凸窗雨篷模型时可以用"长方体"命令直接创建如图 7-71 所示的凸窗雨篷模型。

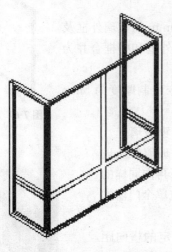 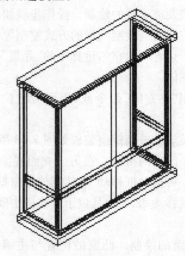

图 7-70　凸窗窗框的拼接示例　　　　　　图 7-71　凸窗雨篷模型示例

②凸窗外设空调机位的建模。根据立面施工图所示，凸窗外设空调机位设有栅栏状挡板。板高为 80mm，板厚为 20mm，板与板之间间距为 100mm，南立面挡板长 1 380mm，挡板两侧各有厚度为 60mm 的墙体。

分别从三个单面绘制凸窗外设空调机位栅栏状挡板，最后利用"并集"命令将其合并为一个如图 7-72 所示的整体。

4）单个凸窗的拼装。将前面绘制的凸窗各个部分拼装起来，形成完整的单个凸窗。

（3）门联窗的绘制。门联窗的绘制方式和上述的门窗绘制方式基本一致，需要特别注意的是，要将门和窗的边框通过"并集"命令合并为一个整体。

门联窗的最后效果如图 7-73 所示。

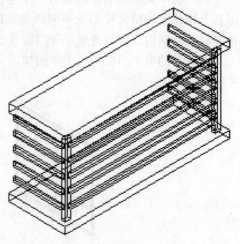

图 7-72　凸窗外设空调机位模型示例

4. 绘制阳台

阳台包括阳台地面及顶棚、阳台扶手和阳台栏杆三个部分。

按结构分类，阳台可分为悬挑式、嵌入式和转角式三类。

下面以转角式阳台的绘制为例，介绍三维阳台的绘制方法。

（1）阳台地面及顶棚的绘制。

1）阳台地面的绘制。普通阳台地面通常由一块钢筋混凝土板构成，在进行阳台地面的三维建模时，可使用"长方体"命令或通过使用"多段线"命令绘制阳台平面形状，再使用"拉伸"

命令将其拉伸出一定厚度。

如需绘制一长度为 3 789mm、宽度为 1 530mm、板厚为 100mm 的矩形转角式阳台，可在俯视图中使用"长方体"命令，设置其长度为 3 789、宽度为 1 530、高度为 100，即可绘制出该阳台的地面。

2)转角阳台顶棚的绘制。如上述阳台的顶棚高度为 300mm，厚度为 100mm，则可以使用"矩形"命令及"拉伸"命令绘制两个立方体，再使用"差集"命令计算绘制出阳台三维顶棚；也可以使用"多段体"命令在俯视图中直接绘制出阳台三维顶棚。

（2）阳台扶手的绘制。阳台扶手宽度为 100mm、厚度为 50mm，距离阳台地面高度为 1 000mm，并且距离阳台地面最外沿 20mm，绘制方法如下：

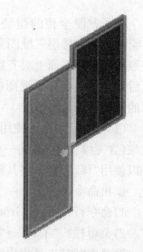

图 7-73　门联窗模型示例

1)沿阳台地面外沿绘制扶手。阳台扶手可使用拉伸、长方体、并集、圆柱体、并集和扫掠等命令绘制。

对于简单的长方体扶手，可采用"多段线"命令配合"拉伸"命令在平面图中建立阳台扶手模型。操作步骤如下：

①沿阳台地面外轮廓绘制阳台扶手平面封闭多段线；

②利用"拉伸"命令绘制三维阳台扶手。

2)改变阳台扶手高度。因阳台扶手距离阳台地面高度为 1 000mm，故在前视图或左视图中将阳台三维扶手向上移动 1 000 即可得到如图 7-74 所示的阳台扶手。

（3）阳台栏杆的绘制。该阳台使用 20mm 和 30mm 两种不同宽度的竖向栏杆及一种横向栏杆。在进行阳台栏杆绘制时，应分别绘制两种不同的竖向栏杆，并将其复制后得到如图 7-75 所示的阳台三维栏杆。

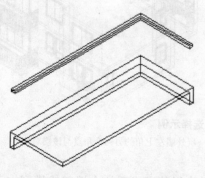

图 7-74　阳台顶棚、地面及扶手模型示例

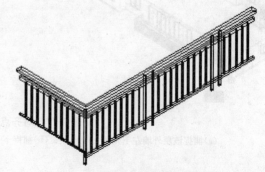

图 7-75　阳台栏杆模型示例

（4）单个阳台的组装。调整阳台地面、阳台顶棚、阳台扶手及阳台栏杆的高度值，可得到如图 7-76 所示的三维阳台。

5. 组装全楼

当完成了各三维楼层图之后，找到各楼层上平面投影位置重叠的点作为移动时的对齐点，在立面视图上使用"移动"命令捕捉对齐点，即可完成全楼的组装工作。

为了方便全楼的组装，也可以建立临时图层，将绘制好的各楼层三维图分别整理在不同的图层中。按照对齐点在平面上对齐后对各楼层分别进行编组，然后调整各组在立面视图中的 Y 坐标值也能达到同样的效果。

(1)"编组"命令。使用"编组"命令可以将若干个对象(含三维实体)变成一个整体。在选择某个组后可以使用"移动"命令将其整体移动。

调出命令的方法：

1)命令行输入："Group"；

2)菜单栏："工具"→"编组"；

3)单击"组"工具栏中的"■"按钮。

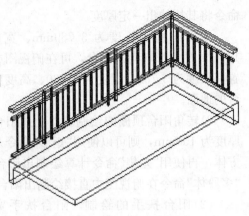

图 7-76　三维阳台模型示例

注："编组"命令和"创建块"命令最大的区别在于组内的对象可以直接进行修改操作，而块内的对象要进行修改操作比较烦琐。块的整体性更强。

(2)对齐点的选择。在组装全楼时，对齐点应选择容易找到的并且所有楼层一致的点。可以选择如图 7-77 所示的点组装全楼。

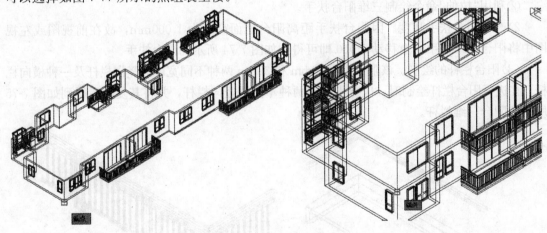

图 7-77　对齐点选择示例

(a)捕捉该层外墙左下角的一个角点；(b)捕捉下一层外墙左上角的另一个角点与该层对齐

(3)组装完成的全楼三维模型。如图 7-78 所示为组装完成后的全楼三维模型，可以非常方便地从各个角度去查看全楼各地方的细节。

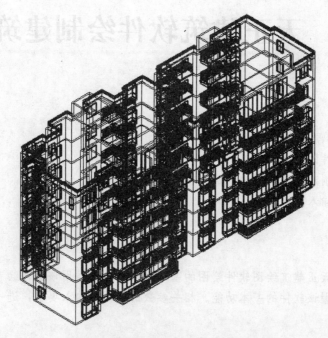

图 7-78　全楼三维模型组装完成后的效果

小　结

　　本模块主要介绍了绘制建筑三维模型的方法。通过本模块的学习，用户可以学会创建建筑三维模型的基本设置、各种三维命令的使用以及创建简单三维建筑模型的步骤。

　　在使用 AutoCAD 2016 创建三维建筑模型时，应具有充分的空间想象能力并能完全看懂施工图的各项内容。在熟悉各种三维命令的基础上按照施工图中的内容细节按步骤创建三维建筑各组成部分，最后将其全部组装起来。

思考与练习

1. 如何绘制三维墙体？
2. 如何在三维墙体上开窗洞和门洞？
3. 绘制一个带栏杆的三维转角阳台。

模块八　天正建筑软件绘制建筑施工图

《 学习重点 》

- 天正建筑软件的特点。
- 天正软件绘制建筑施工图的方法和技巧。
- 相关参数的输入和选择。

《 学习目标 》

　　通过示例了解天正建筑绘图软件绘图的基本知识；熟悉运用该软件绘制建筑平面、立面和剖面的方法；掌握该软件的基本功能、相关参数的选择和输入要求，进一步提高建筑施工图的绘图速度。

课题一　天正建筑软件简介

　　天正建筑（TArch）是北京天正工程软件有限公司开发的建筑专业系列软件，涵盖了建筑设计、装修设计、暖通空调、给水排水、建筑电气与建筑结构等。由于该软件是一款在 AutoCAD 基础上二次开发的用于建筑绘图的专业软件，其与 AutoCAD 的关系十分密切。

　　（1）天正建筑与 AutoCAD 相比较，显得更加智能化、人性化和规范化，可以缩短绘制建筑工程图的时间。

　　（2）天正建筑必须在 AutoCAD 的基础上运行。

　　（3）天正建筑和 AutoCAD 存在兼容问题，纯粹的 AutoCAD 环境不能完全显示使用天正建筑绘制的图形。

　　天正建筑绘图的主要优点有：

　　（1）在 AutoCAD 的基础上增加了用于绘制建筑构件的专用工具，可以直接绘制墙线、柱子及门窗等。

　　（2）预设了图纸的绘图比例，以及符合国家规范的制图标准。

　　（3）天正建筑为其专业的图形设置了默认的图层标准，用户在使用其提供的工具绘制建筑图形时，会自动创建相应的图层并将对象放置在该图层上。

　　（4）预设了许多智能特征，如插入的门窗碰到墙，墙即自动开洞并嵌入门和窗。

　　（5）可以方便地书写和修改中西文混排文字，以及输入和变换文字的上下标、特殊字等。此外，软件还提供了非常灵活的表格内容编辑器。

　　（6）虽然天正建筑基本使用二维绘图模式，但是图形中含有三维信息，从而可以轻松绘制并观察图形的三维效果。画平面时就带有三维的信息，平面图画好后三维模型就自动建立好了。

目前，天正建筑软件还在不断优化、升级，其绘制建筑施工图的能力将会越来越强大。

1. 天正建筑软件的安装与使用

（1）安装：运行天正软件光盘的"Setup.exe"文件，根据实际情况选择单机版或网络版授权方式，然后选择要安装的组件进行安装即可。

（2）启动：天正建筑安装完成后，将在桌面上创建"天正建筑 TArch7 for 2008"快捷方式图标。双击该图标，在开始菜单中执行"程序"→"Autodesk"→"天正建筑 8.5"→"天正建筑 TArch7 for 2008"命令。天正建筑软件界面如图 8-1 所示。

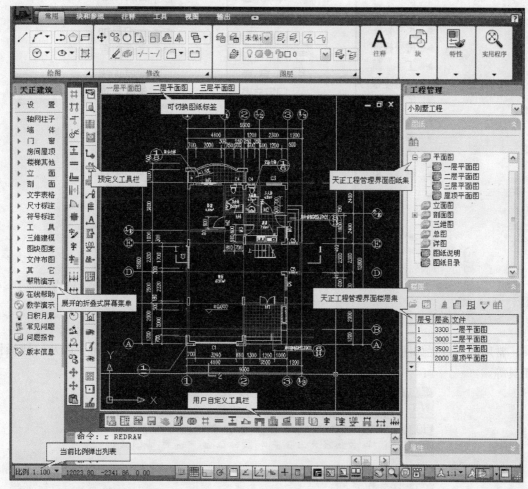

图 8-1　天正建筑软件界面

2. 天正建筑通用工具命令

天正建筑主要功能都列在"折叠式"三级结构的屏幕菜单上，单击上一级菜单可以展开下一级菜单，同级菜单相互关联，展开另一个同级菜单时，原来展开的菜单自动合拢。二到三级菜单是天正建筑的可执行命令或者开关项，当光标移到菜单上时，状态行会出现该菜单功能的简短提示。有些菜单项无法完全在屏幕显示，可用鼠标滚轮上下滚动菜单快速选取当前不可见的项目。还可在一级菜单上右击展开下一级菜单，操作如图 8-2 所示。

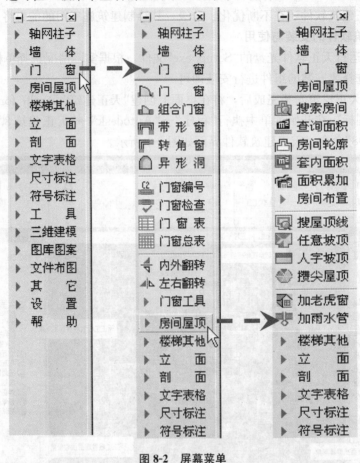

图 8-2　屏幕菜单

常用的工具栏如图 8-3 所示，基本包括了天正建筑绘图过程中常用的命令以及快捷操作工具等。

图 8-3　常用工具栏

用户还可以单击"自定义工具栏"中的"自定义"按钮，打开"天正自定义"对话框自定义工具栏(图 8-4)。

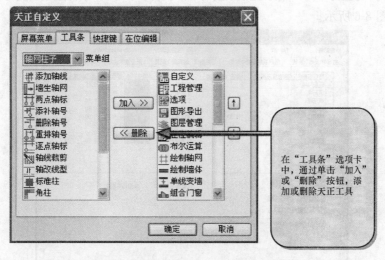

在"工具条"选项卡中,通过单击"加入"或"删除"按钮,添加或删除天正工具

图 8-4 "天正自定义"对话框

课题二 标准层平面图绘制步骤

1. 初始设置

在绘图前,首先要设置一些作图和标注参数。执行"设置"→"选项"命令,程序将打开"选项"对话框,如图 8-5 所示。通过该对话框的"天正基本设定"和"天正加粗填充"选项卡可对图形进行初始设置(一般以 1∶100 的比例打印出图,所以本例将对象统一设置"当前层高")。

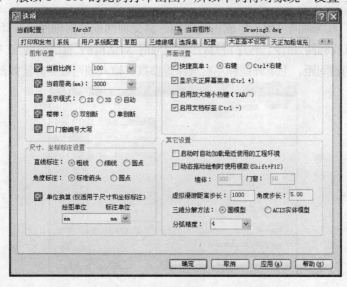

图 8-5 "天正基本设定"选项卡

"当前比例"设置为 100，用来控制文字、尺寸数字、轴号等对象的大小。"天正加粗填充"选项卡如图 8-6 所示。

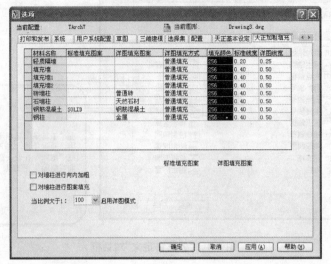

图 8-6 "天正加粗填充"选项卡

2. 绘制轴网、标注轴号和轴网尺寸

轴网是由两组至多组轴线与轴号、尺寸标注组成的平面网格，是建筑物平面布置和墙柱构件定位的依据。完整的轴网由轴线、轴号和尺寸标注三个相对独立的系统构成。

天正软件提供了多种创建轴网的方法：使用"绘制轴网"命令生成标准的直轴网或弧轴网；根据已有的建筑平面布置图，使用"墙生轴网"命令生成轴网；在轴线层上绘制 LINE、ARC、CIRCLE，轴网标注命令识别为轴线。

（1）绘制轴网。

1）直线轴网。直线轴网可用于生成正交轴网、斜交轴网或单向轴网。选择"轴网柱子"→"绘制轴网"，启动"直线轴网"命令，程序将打开"绘制轴网"对话框的"直线轴网"选项卡，通过此选项卡设置直线轴网的轴间距、上下开间和左右进深等参数。输入轴网数据方法如图 8-7 所示。

图 8-7 "直线轴网"选项卡

注：(1)右击电子表格中行首按钮，可以执行新建、插入、删除与复制数据行的操作。

(2)如第一开间(进深)与第二开间(进深)数据相同，不必输入另一开间(进深)。

(3)输入的尺寸定位以轴网的左下角轴线交点为基点，多层建筑各平面同号轴线交点位置应一致。

上机操作：

①上开间键入：4 * 6 000，7 500，4 500；

②下开间键入：2 400，3 600，4 * 6 000，3 600，2 400；

③左进深键入：4 200，3 300，4 200(右进深与左进深同，不必输入)；

④正交直线轴网，夹角为90°，效果如图8-8所示；

⑤斜交直线轴网，夹角为75°，效果如图8-9所示。

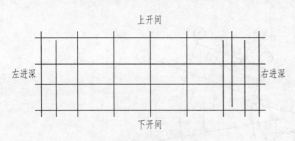

图8-8　正交直线轴网

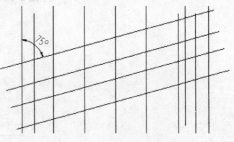

图8-9　斜交直线轴网

2)圆弧轴网。圆弧轴网由一组同心弧线和不过圆心的径向直线组成，其常与直线轴网组合使用。在"绘制轴网"对话框中切换到"圆弧轴网"选项卡，在此选项卡中设置圆弧轴网的圆心角、进深等参数，即可绘制圆弧轴网，如图8-10所示。

输入圆心角的对话框显示如图8-11所示。

上机操作：

①进深：1 500，3 000。圆心角：20，3 * 30。内弧半径：3 300；

②输入参数后，单击"共用轴线"按钮，在图上点取轴线2，逆时针方向拖动。

标注完成的组合圆弧轴网如图8-12所示。

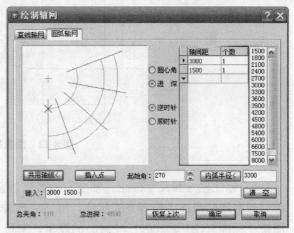

图8-10　"圆弧轴网"选项卡

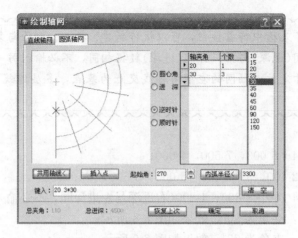

图 8-11 圆弧轴网圆心角输入

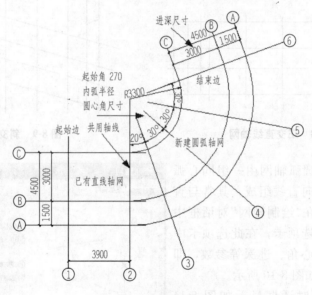

图 8-12 圆弧轴网示例

(2)标注轴号和尺寸标注。轴网的轴号按规范要求用数字、大写字母、小写字母、双字母、双字母间隔连字符等方式标注,可适应各种复杂分区轴网,系统按照现行《房屋建筑制图统一标准》(GB/T 50001—2010)的规定,字母 I、O、Z 不用于轴号,在排序时会自动跳过这些字母。

尽管轴网标注的命令能一次完成轴号和尺寸的标注,但轴号和尺寸标注二者属独立存在的不同对象,不能联动编辑,修改时轴网应注意自行处理。

1)两点轴标。命令调出方法:

"轴网柱子"→"两点轴标(LDZB)"。

"两点轴标"命令可对始末轴线间的一组平行轴线(直线轴网与圆弧轴网的进深)或者径向轴线(圆弧轴线的圆心角)进行轴号和尺寸标注。

执行"两点轴标"命令后，首先显示"轴网标注"对话框，如图 8-13 所示。

提示在命令行选取要标注的始末轴线，以下标注直线轴网，在单侧标注的情况下，选择轴线的哪一侧就标在哪一侧。

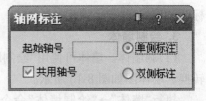

图 8-13　"轴网标注"对话框

操作步骤：

①请选择起始轴线〈退出〉：选择一个轴网某开间（进深）一侧的起始轴线，单击 P1；

②请选择终止轴线〈退出〉：选择一个轴网某开间（进深）同一侧的末轴线，单击 P2；

③以下标注与上面直线轴网（轴网 1）连接的圆弧轴网（轴网 2），先显示无模式，对话框如图 8-13 所示；

④在其中勾选"共用轴号"复选框，选中"单侧标注"单选按钮，在标注弧轴网时，角度标注默认在内侧；

⑤请选择起始轴线〈退出〉：选择与前一个轴网共用的轴线作为起始轴线，单击靠外侧的 P3；

⑥请选择终止轴线〈退出〉：选择一个轴网某开间（进深）同侧的末轴线，单击 P4；

⑦是否为按逆时针方向排序编号？（Y/N）［Y］：输入 N 改为顺时针，完成轴号④～⑥的标注。完成效果如图 8-14 所示。

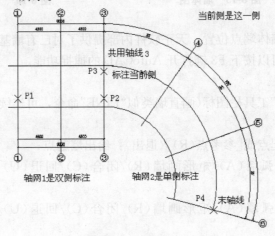

图 8-14　轴网标注图

2）逐点轴标。命令调出方法："轴网柱子"→"逐点轴标（ZDZB）"。

"逐点轴标"命令只对单个轴线标注轴号，轴号独立生成，不与已经存在的轴号系统和尺寸系统发生关联，不适用于一般的平面图轴网，常用于立面与剖面、详图等个别单独的轴线标注。

选择"逐点轴标"命令后的操作步骤：

①点取待标注的轴线〈退出〉：选取要标注的某根轴线或按 Enter 键退出；

②请输入轴号〈空号〉：输入轴号编号或按 Enter 键，标注一个空轴号；

③按 Enter 键即标注选中的轴线，命令行会继续显示以上提示，可对多个轴线进行标注。

3. 绘制墙体

(1)画墙体。墙体可使用"绘制墙体"命令创建或由"单线变墙"命令从直线、圆弧或轴网转换。墙体图如图 8-15 所示。

执行"墙体"→"绘制墙体"命令，打开"绘制墙体"对话框，通过此对话框设置墙体的左宽、右宽、材料等参数，再选择绘制墙体的方式，即可在图中绘制墙体，如图 8-16 所示。

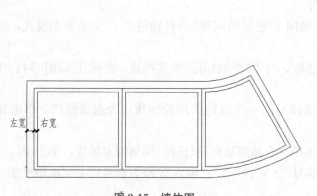

图 8-15　墙体图

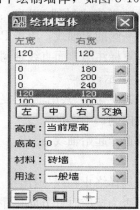

图 8-16　"绘制墙体"对话框

为了准确地定位墙体端点位置，天正软件内部提供了对已有墙基线、轴线和柱子的自动捕捉功能。必要时也可以按下 F3 键打开 AutoCAD 的捕捉功能。

操作步骤：

1)单击"绘制直墙"工具栏图标(画直墙类似"LINE"命令，可连续输入直墙下一点，或以空回车结束绘制)；

2)命令行显示：起点或[参考点(R)]〈退出〉：给出墙起点；

3)直墙下一点或[弧墙(A)/矩形画墙(R)/闭合(C)/回退(U)]〈另一段〉：连续绘制墙线；

4)直墙下一点或[弧墙(A)/矩形画墙(R)/闭合(C)/回退(U)]〈另一段〉：右击停止绘制；

5)起点或[参考点(R)]〈退出〉：右击退出命令；

6)单击"绘制弧墙"工具栏图标，命令行显示：

7)起点或[参考点(R)]〈退出〉：给出弧墙起点；

8)弧墙终点或[直墙(L)/矩形画墙(R)]〈取消〉：给出弧墙终点；

9)点取弧上任意点或[半径(R)]〈取消〉：输入弧墙基线上的任意一点或输入 R 指定弧墙半径。

(2)墙体编辑。墙体对象支持 AutoCAD 的通用编辑命令，可使用包括偏移、修剪、延伸等命令进行修改，对墙体执行以上操作时均不必显示墙基线。还可直接使用删除、移动和复制命令进行多个墙段的编辑操作。软件中也有专用编辑命令对墙体进行专业意义的编辑，简单的参数编辑只需要双击墙体即可进入对象编辑对话框，拖动墙体的不同夹点可改变长度与位置。

1）倒墙角。"倒墙角"命令功能与 AutoCAD 的"圆角"命令相似，专门用于处理两段不平行的墙体的端头交角，使两段墙以指定圆角半径进行连接，圆角半径按墙中线计算。

> **注：**（1）当圆角半径不为 0 时，两段墙体的类型、总宽和左右宽（两段墙偏心）必须相同，否则不能进行倒角操作。
>
> （2）当圆角半径为 0 时，自动延长两段墙体进行连接，此时两段墙的厚度和材料可以不同，当参与倒角两段墙平行时，系统自动以墙间距为直径加弧墙连接。
>
> （3）在同一位置不应反复进行半径不为 0 的圆角操作，再次倒圆角前应先把上次圆角时创建的圆弧墙删除。

操作步骤：

①调出方法："墙体"→"倒墙角（DQJ）"；

②命令行提示：选择第一段墙或[设圆角半径（R），当前＝300]输入 R 设定圆角半径；

③请输入倒角半径〈300〉：500；

④选择第一段墙或[设圆角半径（R），当前＝500]选择圆角的第一段墙体；

⑤选择另一段墙〈退出〉：选择圆角的第二段墙体，命令立即完成。

墙体倒圆角后的效果如图 8-17（b）所示。

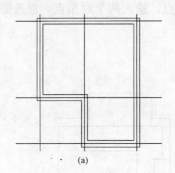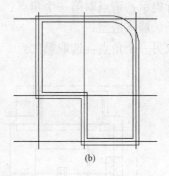

(a)　　　　　　　　　　　　　(b)

图 8-17　墙体倒圆角

（a）命令执行前；（b）命令执行后

2）倒斜角。"倒斜角"命令功能与 AutoCAD 的"倒角"命令相似，专门用于处理两段不平行的墙体的端头交角，使两段墙以指定倒角长度进行连接，倒角距离按墙中线计算。

操作步骤：

①调出方法："墙体"→"倒斜角（DXJ）"；

②命令行提示：选择第一段直墙或[设距离（D），当前距离1＝0，距离2＝0]〈退出〉：D 选择倒角的第一段墙体，或输入 D 设定倒角的长度；

③指定第一个倒角距离〈0〉：1 200；

④指定第二个倒角距离〈0〉：600；

⑤选择第一段直墙或[设距离(D)，当前距离 1＝1200，距离 2＝600]〈退出〉：选择倒角的第一段墙体；

⑥选择另一段直墙〈退出〉：选择倒角的第二段墙体。

效果如图 8-18 所示。

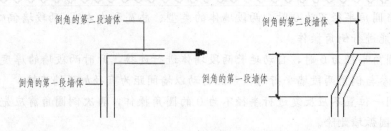

图 8-18　墙体倒斜角

(3)修墙角。"修墙角"命令具有对属性完全相同的墙体相交处的清理功能，当用户使用 AutoCAD 的某些编辑命令，或者夹点拖曳对墙体进行操作后，墙体相交处有时会出现未按要求打断的情况，采用本命令框选墙角可以轻松处理。还可更新墙体、墙体造型、柱子以及维护各种自动裁剪关系，如柱子裁剪楼梯，凸窗一侧撞墙情况，如图 8-19 所示。操作步骤如下：

①调出方法："墙体"→"修墙角(XQJ)"；

②命令行提示：请点取第一个角点：选取第一点，输入两个对角点，框选需要处理的墙体交角或柱子、墙体造型；

③请点取另一个角点：选取第二点。

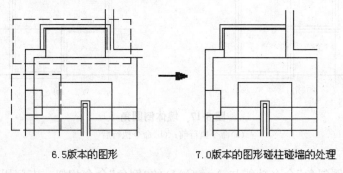

图 8-19　修墙角

注：本命令已经取代 6.X 版本中的"更新造型"命令，复制、移动或修改墙体造型后，请执行本命令更新墙体造型。

(4)普通墙的对象编辑。双击墙体，打开"墙体编辑"对话框，如图 8-20 所示。

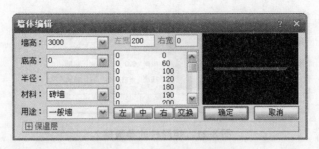

图 8-20　"墙体编辑"对话框

在"墙体编辑"对话框中修改墙体参数，然后单击"确定"按钮完成修改，新的对话框提供了墙体厚度列表、左右控制和保温层的修改，操作更加方便，墙体的分段编辑不再和对象编辑合并，而是另行提供"墙体分段"命令。

4. 绘制柱子

天正建筑软件以自定义对象来表示柱子，但各种柱子对象定义不同：标准柱用底标高、柱高和柱截面参数描述其在三维空间的位置和形状；构造柱用于砖混结构；只有截面形状而没有三维数据描述，只用于施工图。

> **注：**（1）柱与墙相交时按墙柱之间的材料等级关系决定柱自动打断墙或者墙穿过柱，如果柱与墙体同材料，墙体被打断的同时与柱连成一体。
>
> （2）柱子的填充方式与柱子和墙的当前比例有关，当前比例大于预设的详图模式比例，柱子和墙的填充图案按详图填充图案填充，否则按标准填充图案填充。
>
> （3）柱子的常规截面形式有矩形、圆形、多边形等，异形截面柱由标准柱命令中"选择 Pline 线创建异形柱"按钮定义，或者单击"标准构件库"按钮取得。

对于插入图中的柱子，用户如需要移动和修改，可充分利用夹点功能和其他编辑功能。对于标准柱的批量修改，可以使用"替换"的方式，柱子同样可采用 AutoCAD 的编辑命令进行修改，修改后相应墙段会自动更新。此外，柱、墙可同时用夹点拖动编辑。

（1）标准柱。在轴线的交点或任何位置插入矩形柱、圆柱或正多边形柱，插入柱子的基准方向总是沿着当前坐标系的方向，如果当前坐标系是 UCS，柱子的基准方向自动按 UCS 的 X 轴方向，不必另行设置。

操作步骤：

1）调出方法："轴网柱子"→"标准柱（BZZ）"；

2）设置柱的参数，包括截面类型、截面尺寸和材料，或者从构件库取得以前入库的柱；

3）通过下面的工具栏选择柱子的定位方式；

4）根据不同的定位方式回应相应的命令行输入；

5）重复1）～3）步或按 Enter 键结束标准柱的创建；

6）具体参数如图 8-21 至图 8-23 所示。

图 8-21　矩形柱的参数输入

图 8-22　圆形柱的参数输入

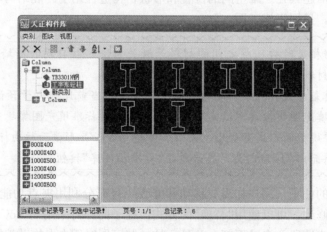

图 8-23　"天正构件库"对话框

（2）角柱。在墙角插入轴线、形状与墙一致的角柱，可更改各肢长度以及各分肢的宽度，宽度默认居中，高度为当前层高。生成的角柱与标准柱类似，每一边都有可调整长度和宽度的夹点，可以方便地按要求修改。

操作步骤：

1）调出方法："轴网柱子"→"角柱（JZ）"；

2）命令行提示：请选取墙角或［参考点（R）]〈退出〉：选取要创建角柱的墙角或输入 R 定位；

3）选取墙角后显示对话框，如图 8-24 所示，在对话框中输入合适的参数。

（3）构造柱。"构造柱"命令在墙角交点处或墙体内插入构造柱，依照所选择的墙角形状为基准，输入构造柱的具体尺寸，指出对齐方向，默认为钢筋混凝土材质，仅生成二维对象。目前本命令还不支持在弧墙交点处插入构造柱。

图 8-24 "转角柱参数"对话框

操作步骤：

1)调出方法：执行"轴网柱子"→"构造柱（GZZ）"命令，打开"构造柱参数"对话框，如图 8-25 所示。

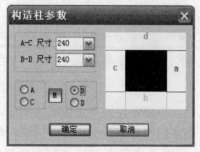

图 8-25 "构造柱参数"对话框

2)参数输入完毕后，单击"确定"按钮，所选构造柱即插入图中；如修改长度与宽度，可通过夹点拖曳调整。

3)如果构造柱超出墙边，请使用夹点拉伸或移动，如图 8-26 所示。

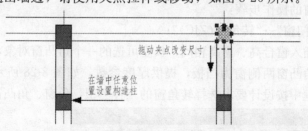

图 8-26 构造柱的夹点应用

5. 绘制门窗

门窗类型和形式非常丰富，大部分门窗都使用矩形标准洞口，并且在一段墙或多段相邻墙内连续插入，规律十分明显。创建这类门窗，就是要在墙上确定门窗的位置。本软件提供了多种定位方式，以便快速在墙内确定门窗的位置，新增动态输入方式，在拖曳定位门窗的过程中按 Tab 键可切换门窗定位的当前距离参数，键盘直接输入数据可进行定位，适合在各种门窗定位方式中混合使用。

> **注**：门窗创建失败的原因可能有：
> (1)门窗高度和门槛高或窗台高的和高于要插入的墙体高度；
> (2)插入门窗的墙体位置坐标数值超过(1×10^5)，导致精度溢出；
> (3)在弧墙上使用普通门窗插入时，如门窗的宽度大，弧墙的曲率半径小，插入时会失败，可改用弧窗类型。

(1)门窗绘制。命令调出方法："门窗"→"门窗(MC)"。

执行命令后，显示如图 8-27 所示的对话框。

图 8-27　"门"对话框

"门"对话框下部有一工具栏，分隔条左边是定位模式图标，右边是门窗类型图标，对话框上部是待创建门窗的参数，由于门窗界面是无模式对话框，单击工具栏图标选择门窗类型以及定位模式后，即可按命令行提示进行交互插入门窗，系统自动按洞口尺寸给出门窗编号。

具体绘制方法有：自由插入、顺序插入、轴线等分插入、墙段等分插入、垛宽定距插入、轴线定距插入、按角度定位插入、满墙插入及插入上层门窗、组合门窗、带形窗、转角窗等。

以下介绍转角窗的操作步骤：

1)调出方法："门窗"→"转角窗(ZJC)"；

2)在墙角位置插入窗台高、窗高相同、长度可选的一个角凸窗对象，可输入一个门窗编号。在软件中可设角凸窗两侧窗为挡板，提供厚度参数，如图 8-28 所示。执行命令后，显示对话框，在对话框中按设计要求选择转角窗的三种类型：角窗、角凸窗与落地的角凸窗。

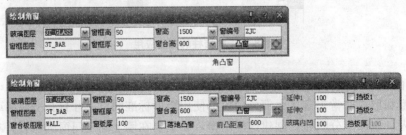

图 8-28　"绘制角窗"对话框

如上选择转角窗类型后，在对话框中输入其他转角窗参数命令行提示：

1）请选取墙内角〈退出〉：选取转角窗所在墙内角，窗长从内角起算；

2）转角距离 1〈1000〉：2 000 当前墙段变虚，输入从内角计算的窗长；

3）转角距离 2〈1000〉：1 200 另一墙段变虚，输入从内角计算的窗长；

4）请选取墙内角〈退出〉：执行本命令绘制角窗，按 Enter 键退出命令。

效果如图 8-29 所示。

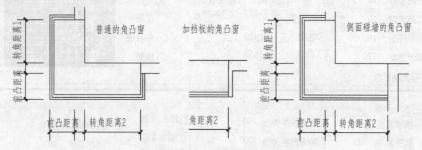

图 8-29　凸窗参数设置效果

> **注**：在侧面碰墙、碰柱时角凸窗的侧面玻璃会自动被墙或柱对象遮挡；特性表中可设置转角窗"作为洞口"处理；玻璃分格的三维效果请使用"窗棂展开"与"窗棂映射"命令处理。

（2）门窗替换。门窗替换用于批量修改门窗，包括门窗类型之间的转换。用对话框内的当前参数作为目标参数，替换图中已经插入的门窗，如图 8-30 所示。单击"替换"按钮，对话框右侧出现参数过滤开关。如果不打算改变某一参数，可取消该参数复选框的勾选，对话框中该参数按原图保持不变。例如将门改为窗时，若宽度要求不变，应取消勾选"宽度"复选框。

图 8-30　门窗替换

6. 绘制楼梯

天正建筑提供了由自定义对象建立的基本梯段对象，包括直线、圆弧与任意梯段、由梯段组成了常用的双跑楼梯对象、多跑楼梯对象，考虑了楼梯对象在二维与三维视口下的不同可视特性。双跑楼梯具有梯段方便地改为坡道、标准平台改为圆弧休息平台等灵活可变特性，各种楼梯与柱子在平面相交时，楼梯可以被柱子自动剪裁，双跑楼梯的上下行方向标识符号可以随对象自动绘制，剖切位置可以预先按踏步数或标高定义。

绘制双跑楼梯的操作步骤：

（1）调出方法："楼梯其他"→"双跑楼梯（SPLT）"。

(2)执行命令后，显示"双跑楼梯"对话框，图 8-31 上图所示为默认的折叠效果，下图所示为展开后的效果。

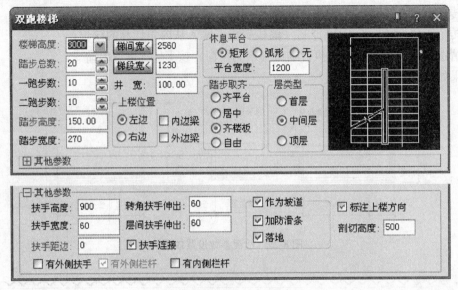

图 8-31 "双跑楼梯"对话框

(3)在确定楼梯参数和类型后，即可把鼠标拖曳到作图区插入楼梯，命令行提示：点取位置或[转 90 度(A)/左右翻(S)/上下翻(D)/对齐(F)/改转角(R)/改基点(T)]〈退出〉：输入关键字改变选项，给点插入楼梯。

(4)选取插入点后在平面图中插入双跑楼梯。注意，对于三维视图，不同楼层特性的扶手是不一样的，其中顶层楼梯实际上只有扶手，而没有梯段。

(5)双跑楼梯为自定义对象，可以通过拖曳夹点进行编辑，夹点示意如图 8-32 所示，也可以双击楼梯进入对象编辑重新设定参数。

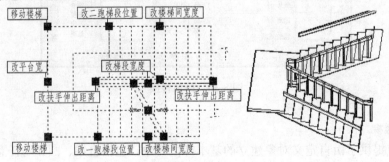

图 8-32 楼梯夹点示意

(6)将楼梯步数标注在特性栏，修改"上楼文字""下楼文字"项完成楼梯的上下方向和级数标注，如图 8-33 所示。

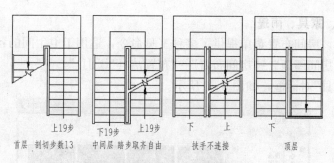

图 8-33　楼梯的方向和级数标注

7. 绘制阳台

调出方法："楼梯其他"→"阳台(YT)"。执行该命令，系统弹出"绘制阳台"对话框(图 8-34)。

图 8-34　"绘制阳台"对话框

"绘制阳台"对话框的工具栏从左到右分别为凹阳台、矩形阳台、阴角阳台、偏移生成、任意绘制、选择已有路径绘制六种阳台绘制方式，勾选"阳台梁高"复选框后，输入阳台梁高度可创建梁式阳台。

绘制阳台的操作步骤：

(1)选择命令，在对话框中修改阳台参数，单击"任意绘制"按钮后，命令行提示：阳台起点〈退出〉：选取阳台侧栏板与墙外皮交点作为阳台起点。

(2)直段下一点[弧段(A)/回退(U)]〈结束〉：选取阳台经过的外墙角点 P1。

(3)选取侧栏板与墙外皮的交点 P5 作为阳台终点，按 Enter 键结束。

(4)请选择邻接的墙(或门窗)和柱：此时应选取与阳台连接的两段墙。

(5)请点取接墙的边：按 Enter 键，红色的是自动识别出的墙边。

可以点取其他栏板线作为与墙连接的边，这些栏板线最终不会显示。

(6)起点〈退出〉：按 Enter 键结束或者在另一处绘制阳台，如图 8-35 所示。

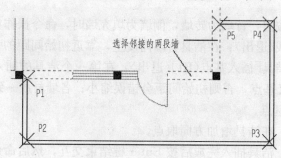

图 8-35　绘制任意阳台

8. 绘制洁具、家具、雨篷

(1)绘制洁具。房间布置菜单提供了多种工具命令,适用于卫生间的各种不同洁具布置。

调出方法:"房间屋顶"→"房间布置"→"布置洁具(BZJJ)"。

调出"天正洁具"对话框,如图 8-36 所示。

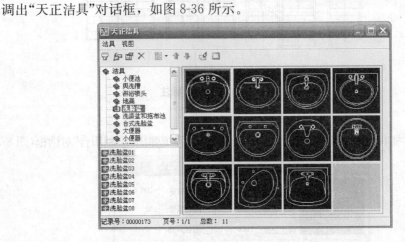

图 8-36 "天正洁具"对话框

"天正洁具"对话框为专用的洁具图库,操作与"天正通用图库"管理界面大同小异。

选取不同类型的洁具后,系统自动给出与该类型相适应的布置方法。在预览框中双击所需布置的卫生洁具,根据弹出的对话框和命令行提示在图中布置洁具。以下介绍坐便器的布置。

在"天正洁具"图库中双击所需布置的卫生洁具,屏幕弹出相应的对话框,如图 8-37 所示。

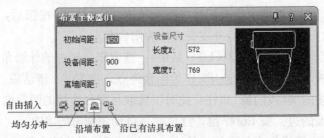

图 8-37 "布置坐便器 01"对话框

单击"沿墙布置"按钮,背墙为砖墙,侧墙为填充墙时,命令操作如下:

1)请选择沿墙边线〈退出〉:在洁具背墙内皮上,靠近初始间距的一端取点。

2)请插入第一个洁具[插入基点(B)]〈退出〉:在第一个洁具的插入位置附近给点,此时应输入 B,在墙角定义基点,否则初始间距会错误缩小;各墙材质一致时能自动得到正确基点,不用输入 B 定义基点。

3)下一个〈结束〉:在洁具增加方向取点。

4)下一个〈结束〉:洁具插入完成后按 Enter 键结束交互,然后命令完成绘图,各参数与效果如图 8-38 所示。

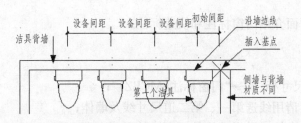

图 8-38　绘制连续卫生设备

单击"沿已有洁具布置"按钮，此时确认参数"离墙间距"改为 0，初始间距改为设备间距－洁具宽度/2，命令操作如下：

1）请选择已有洁具〈结束〉：选择要继续布置的最末一个洁具；

2）下一个〈结束〉：在洁具增加方向取点；

3）下一个〈结束〉：洁具插入完成后按 Enter 键结束交互，然后命令完成绘图。

（2）绘制家具。进入天正图库管理系统（图 8-39）选取需要的家具插入即可。

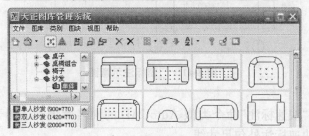

图 8-39　"天正图库管理系统"对话框

（3）绘制雨篷。以"阳台"对话框中的参数进行调整，如图 8-40 所示。

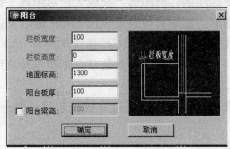

图 8-40　"阳台"对话框

9. 尺寸标注

尺寸标注是设计图纸中的重要组成部分，图纸中的尺寸标注在《建筑制图标准》（GB/T 50104—2010）中有严格的规定，直接沿用 AutoCAD 本身提供的尺寸标注命令不适合建筑制图的要求，特别是编辑尺寸尤其显得不便，为此软件提供了自定义的尺寸标注系统，完全取代了 AutoCAD 的尺寸标注功能，分解后退化为 AutoCAD 的尺寸标注。尺寸标注主要有门窗标注、墙厚标注、两点标注、内门标注、快速标注、逐点标注、外包尺寸标注、符号标注、标高标注等，下面介绍门窗标注和快速标注。

（1）门窗标注。

操作步骤：

1）调出方法："尺寸标注"→"门窗标注（MCBZ）"；

2）命令行提示：请用线选第一、第二道尺寸线及墙体；

3）起点〈退出〉：在第一道尺寸线外面不远处取一个点 P1；

4）终点〈退出〉：在外墙内侧取一个点 P2，系统自动定位置绘制该段墙体的门窗标注；

5）选择其他墙体：添加被内墙断开的其他要标注墙体，按 Enter 键结束命令，效果如图 8-41 所示。

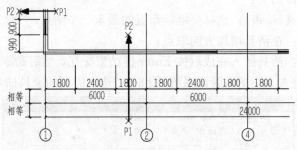

图 8-41　门窗标注示意图

（2）快速标注。"快速标注"命令类似 AutoCAD 的同名命令，适用于天正对象，特别适用于选取平面图后快速标注外包尺寸线。

操作步骤：

1）调出方法："尺寸标注"→"快速标注（KSBZ）"；

2）命令行提示：选择要标注的几何图形：选取天正对象或平面图；

3）选择要标注的几何图形：选取其他对象或按 Enter 键结束；

4）请指定尺寸线位置或［整体（T）/连续（C）/连续加整体（A）]〈整体〉：选项中"整体"是从整体图形创建外包尺寸线，"连续"是提取对象节点创建连续直线标注尺寸，"连续加整体"是两者同时创建；

5）选取整个平面图，默认整体标注，下拉完成外包尺寸线标注，输入 C 可标注连续尺寸线，如图 8-42 所示。

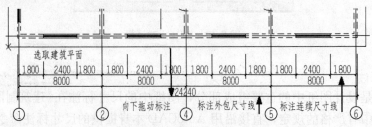

图 8-42　快速标注外包尺寸线

10. 三维观察

(1)定位观察。

操作步骤：

1)调出方法："工具"→"观察工具"→"定位观察(DWGC)"；

2)事先有一个平面图，通过拖动边界创建了两个视口，平面图在左边的视口显示，如图 8-43 左图所示；

3)执行"定位观察"命令后，命令行提示：左位置或[参考点(R)]〈退出〉：在平面图上取点表示将来立面图的左位置；

4)右位置〈退出〉：在平面图上取点表示将来立面图的右位置；

5)点取观察视口〈当前视口〉：在右边的视口取一点，让立面图显示在右边视口，如图 8-43 右图所示。

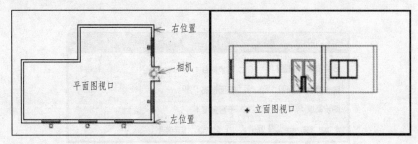

图 8-43　观察视口选择

(2)相机透视。

操作步骤：

1)调出方法："工具"→"观察工具"→"相机透视(XJTS)"；

2)命令行提示：相机位置或[参考点(R)]〈退出〉：输入相机位置，在平面视窗中指定；

3)输入目标位置〈退出〉：选取目标位置点；

4)点取观察视口〈当前视口〉：选取生成透视图的视口；

5)在平面视口以夹点移动相机，在右侧视口可以同时动态更新当前透视画面，获得动态漫游的效果，如图 8-44 所示。

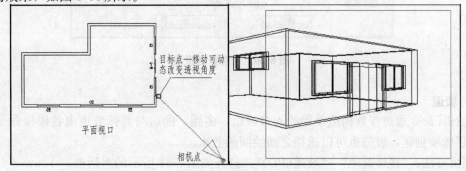

图 8-44　相机透视视口选择

课题三　绘制底层平面图

在绘制标准层平面图的基础上，修改楼梯间，去掉阳台、雨篷，加上建筑的出入口、室外散水、台阶、坡道等。

1. 台阶

使用"台阶"命令可直接绘制矩形单面台阶、矩形三面台阶、阴角台阶、沿墙偏移等预定样式的台阶，或把预先绘制好的"PLINE"转成台阶、直接绘制平台创建台阶等。

操作步骤：

(1)调出方法：执行"楼梯其他"→"台阶（TJ）"命令，打开"台阶"对话框，如图 8-45 所示。

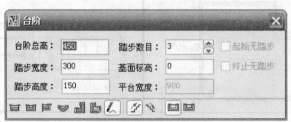

图 8-45　"台阶"对话框

(2)"台阶"对话框工具栏从左到右分别为绘制方式、楼梯类型、基面定义三个区域，可组合成满足工程需要的各种台阶类型。

(3)若要修改，双击台阶即可在对话框中输入相关参数，然后单击"确定"按钮更新台阶，如图 8-46 所示。

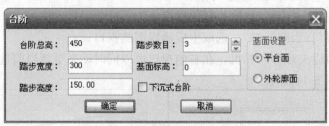

图 8-46　台阶参数设置

2. 坡道

"坡道"命令通过参数构造单跑的入口坡道，多跑、曲边与圆弧坡道由各楼梯命令中"作为坡道"选项创建，坡道也可以遮挡之前绘制的散水。

调出方法："楼梯其他"→"坡道（PD）"，打开如图 8-47 所示的对话框。

对话框控件的参数意义如图 8-48 所示。

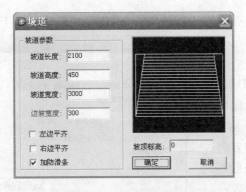

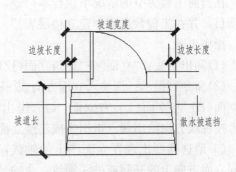

图 8-47　"坡道"对话框　　　　　　图 8-48　坡道参数的意义

在"坡道"对话框中输入或修改坡道的有关参数，单击"确定"按钮后命令行提示如下：

点取位置或［转 90 度（A）/左右翻转（S）/上下翻转（D）/改转角（R）/改基点（T）]〈退出〉：

系统即将坡道插入图中，插入点在坡道上边中点处。

3. 散水

"散水"命令通过自动搜索外墙线绘制散水对象，可自动被凸窗、柱子等对象裁剪，也可以通过勾选复选框或者对象编辑，使散水绕壁柱、绕落地阳台生成；阳台、台阶、坡道、柱子等对象自动遮挡散水，位置移动后遮挡自动更新。

调出方法："楼梯其他"→"散水（SS）"，执行该命令后，打开如图 8-49 所示的"散水"对话框。

图 8-49　"散水"对话框

在"散水"对话框中设置好参数，然后执行命令行提示：

请选择构成一完整建筑物的所有墙体（或门窗、阳台）；

全选墙体后按对话框要求生成散水与勒脚、室内地面。

课题四　绘制立面图

天正立面图是通过平面图构件中的三维信息进行消隐获得的纯粹二维图形，除了符号与尺寸标注对象以及门窗阳台图块是天正自定义对象外，其他图形构成元素都是 AutoCAD 的基本对象。

1. 建筑立面

"建筑立面"命令按照"工程管理"命令中的数据库楼层表格数据，一次生成多层建筑立面，在当前工程为空的情况下执行本命令，会弹出警告对话框："请打开或新建一个工程管理项目，并在工程数据库中建立楼层表！"

操作步骤：

(1)调出方法："立面"→"建筑立面(JZLM)"；

(2)命令行提示：请输入立面方向或[正立面(F)/背立面(B)/左立面(L)/右立面(R)]〈退出〉：输入 F 或者按视线方向给出两点指出生成建筑立面的方向；

(3)请选择要出现在立面图上的轴线：一般是选择同立面方向上的开间或进深轴线，选轴号无效；

(4)显示"立面生成设置"对话框，如图 8-50 所示。

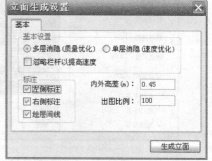

图8-50　"立面生成设置"对话框

> 注：(1)如果当前工程管理界面中有正确的楼层定义，即可提示保存立面图文件，否则不能生成立面文件。
>
> (2)立面的消隐计算是由天正编制的算法进行的，在楼梯栏杆采用复杂的造型栏杆时，由于这样的栏杆实体面数极多，如果也参加消隐计算，可能会使消隐计算的时间大大增加，在这种情况下可选择"忽略栏杆以提高速度"，也就是说，"忽略栏杆"只对造型栏杆对象有影响。

2. 构件立面

"构件立面"命令用于生成当前标准层、局部构件或三维图块对象在选定方向上的立面图与顶视图。生成的立面图内容取决于选定的对象的三维图形。本命令按照三维视图对指定方向进行消隐计算，优化的算法使立面生成快速而准确，生成立面图的图层名为原构件图层名加"E-"前缀。

操作步骤：

(1)调出方法："立面"→"构件立面(GJLM)"；

(2)命令行提示：请输入立面方向或[正立面(F)/背立面(B)/左立面(L)/右立面(R)/顶视图(T)]〈退出〉：输入 F 生成正立面；

(3)请选择要生成立面的建筑构件：选取楼梯平面对象；

(4)请选择要生成立面的建筑构件：按 Enter 键结束选择；

(5)请点取放置位置：拖动生成后的立面图，在合适的位置给点插入。

3. 立面门窗

"立面门窗"命令用于替换、添加立面图上门窗，同时也是立、剖面图的门窗图块管理工具，可处理带装饰门窗套的立面门窗，并提供了与之配套的立面门窗图库。

操作步骤：

(1)调出方法："立面"→"立面门窗(LMMC)"；

(2)执行该命令后，打开"天正图库管理系统"对话框，可在其中进行选择，如图 8-51 所示。

图 8-51 选择门窗

4. 立面阳台

"立面阳台"命令用于替换、添加立面图上阳台的样式,同时也是对立面阳台图块的管理工具。

操作步骤:

(1)调出方法:"立面"→"立面阳台(LMYT)";

(2)执行该命令后,打开"天正图库管理系统"对话框,如图 8-52 所示。

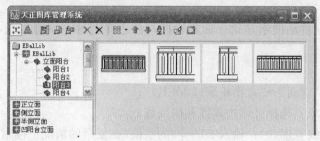

图 8-52 选择阳台

5. 立面屋顶

"立面屋顶"命令可完成包括平屋顶、单坡屋顶、双坡屋顶、四坡屋顶与歇山屋顶的正立面和侧立面、组合的屋顶立面、一侧与其他物体(墙体或另一屋面)相连接的不对称屋顶。

操作步骤:

(1)调出方法:"立面"→"立面屋顶(LM-WD)";

(2)执行该命令后,打开如图 8-53 所示的对话框;

(3)先从"坡顶类型 E"列表框中选择所需类型;

(4)根据需要从"屋顶特性"选项组中"左 L"

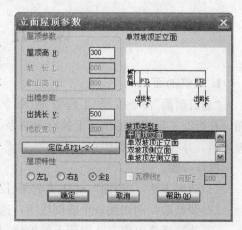

图 8-53 "立面屋顶参数"对话框

"右 R""全 B"三个单选按钮中选中一个;

(5)在"屋顶参数"选项组与"出檐参数"选项组中输入必要的参数;

(6)单击"定位点 PT1-2"按钮,暂时关闭对话框,在图形中选取屋顶的定位点;

(7)勾选"瓦楞线 W"复选框,其右侧的编辑框"间距 J"亮显,可输入填充竖线间距;

(8)单击"确定"按钮继续执行,或者单击"取消"按钮退出命令。

6. 雨水管线

"雨水管线"命令在立面图中按给定的位置生成竖直向下的雨水管。

操作步骤:

(1)调出方法:"立面"→"雨水管线(YSGX)";

(2)命令行提示:请指定雨水管的起点:P-参考点/〈起点〉:选取雨水管的起点,或输入 P 以指定参考点;

(3)请指定雨水管的参考点:选取容易获得的一个点作为参考点;

(4)请指定雨水管的起点〈退出〉:在不容易直接定位时,往往需要找到一个已知点作为参考点,给出与起点的相对位置;

(5)请指定雨水管的终点:P-参考点/〈终点〉:选取雨水管的终点,随即在上面两点间竖向画出平行的雨水管,其间的墙面分层线均被雨水管断开。

7. 立面轮廓

"立面轮廓"命令自动搜索建筑立面外轮廓,在边界上加一圈粗实线,但不包括地坪线在内。

操作步骤:

(1)调出方法:"立面"→"立面轮廓(LMLK)";

(2)选择二维对象:选择外墙边界线和屋顶线;

(3)请输入轮廓线宽度〈0〉:输入 30~50 的数值(在复杂的情况下搜索轮廓线会失败,无法生成轮廓线,此时请使用多段线绘制立面轮廓线)。

课题五　绘制剖面图

1. 建筑剖面

"建筑剖面"命令按照"工程管理"命令中的数据库楼层表格数据,一次生成多层建筑剖面,在当前工程为空的情况下执行此命令,会出现警告对话框:"请打开或新建一个工程管理项目,并在工程数据库中建立楼层表!"

操作步骤:

(1)调出方法:"剖面"→"建筑剖面(JZPM)";

(2)请点取一剖切线以生成剖视图:选取首层需生成剖面图的剖切线;

(3)请选择要出现在立面图上的轴线:一般选取首末轴线或按 Enter 键不要轴线;

(4)屏幕显示"剖面生成设置"对话框,如图 8-54 所示,其中包括基本设置与楼层表参数;

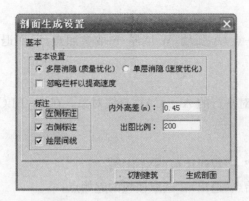

图 8-54 "剖面生成设置"对话框

(5)单击"切割建筑"按钮后，立刻开始三维模型的切割，完成后命令行提示：请点取放置位置：在本图上拖动生成的剖切三维模型，给出插入位置。

由于建筑平面图中不表示楼板，而在剖面图中要表示楼板，本软件可以自动添加层间线，用户可以用"偏移"命令创建楼板厚度，如果已用平板或者房间命令创建了楼板，本命令会按楼板厚度生成楼板线。

在剖面图中创建的墙、柱、梁、楼板不再是专业对象，所以在剖面图中可使用通用 AutoCAD 编辑命令进行修改，或者使用剖面菜单下的命令加粗或图案填充。

注：执行本命令前必须先行存盘，否则无法对存盘后更新的对象创建剖面。

2. 构件剖面

"构件剖面"命令用于生成当前标准层、局部构件或三维图块对象在指定剖视方向上的剖视图。

操作步骤：

(1)调出方法："剖面"→"构件剖面（GJPM）"；

(2)请选择一剖切线：选取用符号标注菜单中的剖面剖切命令定义好的剖切线；

(3)请选择需要剖切的建筑构件：选择与该剖切线相交的构件以及沿剖视方向可见的构件；

(4)请选择需要剖切的建筑构件：按 Enter 键结束剖切；

(5)请点取放置位置：拖曳生成后的立面图，在合适的位置给点插入。

3. 画剖面墙

"画剖面墙"命令用一对平行的 AutoCAD 直线或圆弧对象，在 S_WALL 图层直接绘制剖面墙。

操作步骤：

(1)调出方法："剖面"→"画剖面墙（HPMQ）"；

(2)请点取墙的起点(圆弧墙宜逆时针绘制)/F-取参照点/D-单段/〈退出〉：选取剖面墙起点位置或输入选项；

(3)请点取直墙的下一点/A-弧墙/W-墙厚/F-取参照点/U-回退/〈结束〉：选取剖面墙下

一点位置;

(4)请点取直墙的下一点/A-弧墙/W-墙厚/F-取参照点/U-回退/〈结束〉:按 Enter 键结束剖面墙。

4. 双线楼板

"双线楼板"命令用一对平行的 AutoCAD 直线对象,在 S_FLOORL 图层直接绘制剖面双线楼板。

操作步骤:

(1)调出方法:"剖面"→"双线楼板(SXLB)";

(2)请输入楼板的起始点〈退出〉:选取楼板的起始点;

(3)结束点〈退出〉:选取楼板的结束点;

(4)楼板顶面标高〈23790〉:输入从坐标 $y=0$ 起算的标高或按 Enter 键;

(5)楼板的厚度(向上加厚输负值)〈200〉:输入新值或按 Enter 键接受默认值;

(6)结束命令后,按指定位置绘出双线楼板。

5. 预制楼板

"预制楼板"命令用一系列预制板剖面的 AutoCAD 图块对象,在 S_FLOORL 图层按要求尺寸插入一排剖面预制板。

操作步骤:

(1)调出方法:"剖面"→"预制楼板(YZLB)";

(2)执行该命令后,系统弹出如图 8-55 所示的对话框;

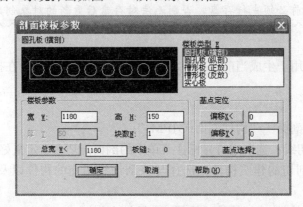

图 8-55 "剖面楼板参数"对话框

(3)选定楼板类型并确定各参数后,单击"确定"按钮,命令行提示:请给出楼板的插入点〈退出〉:选取楼板插入点;

(4)再给出插入方向〈退出〉:选取另一点,给出插入方向后绘所需预制楼板。

6. 加剖断梁

"加剖断梁"命令在剖面楼板处按给出尺寸加梁剖面,剪裁双线楼板底线。

操作步骤:

(1)调出方法:"剖面"→"加剖断梁(JPDL)";

(2)请输入剖面梁的参照点〈退出〉:选取楼板顶面的定位参考点;

（3）梁左侧到参照点的距离〈100〉：输入新值或按 Enter 键接受默认值；

（4）梁右侧到参照点的距离〈150〉：输入新值或按 Enter 键接受默认值；

（5）梁底边到参照点的距离〈300〉：输入包括楼板厚在内的梁高，然后绘制剖断梁，剪裁楼板底线。

7. 剖面门窗

"剖面门窗"命令可连续插入剖面门窗（包括含有门窗过梁或开启门窗扇的非标准剖面门窗），可替换已经插入的剖面门窗。此外，该命令还可以修改剖面门窗高度与窗台高度值，并对剖面门窗详图的绘制和修改提供了全新的工具。

操作步骤：

（1）调出方法："剖面"→"剖面门窗（PMMC）"；

（2）执行该命令后，显示其中默认的剖面门窗样式，如果上次插入过剖面门窗，最后的门窗样式即为默认的剖面门窗样式被保留，同时命令行提示：请点取要插入门窗的剖面墙线［选择剖面门窗样式（S）/替换剖面门窗（R）/改窗台高（E）/改窗高（H）〕〈退出〉：选取要插入门窗的剖面墙线或者输入其他热键选择门窗替换、替换门窗样式、修改门窗参数。输入 S 或单击对话框门窗图像，可重新从图库中选择样式。

8. 剖面檐口

"剖面檐口"命令在剖面图中绘制剖面檐口。

操作步骤：

（1）调出方法："剖面"→"剖面檐口（PMYK）"；

（2）执行该命令后，弹出如图 8-56 所示的对话框；

（3）选定檐口形式并确定各参数，单击"确定"按钮后，命令行提示：请给出剖面檐口的插入点〈退出〉：给出檐口插入点后，绘出所需的檐口。

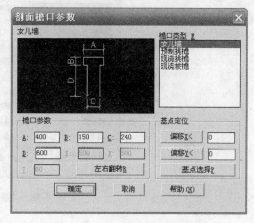

图 8-56　"剖面檐口参数"对话框

9. 门窗过梁

"门窗过梁"命令可在剖面门窗上方画出给定梁高的矩形过梁剖面，带有灰度填充。

操作步骤：

（1）调出方法："剖面"→"门窗过梁（MCGL）"；

（2）命令行提示：选择需加过梁的剖面门窗：选取要添加过梁的剖面门窗图块，可多选；

（3）选择需加过梁的剖面门窗：按 Enter 键退出选择；

（4）输入梁高〈120〉：输入门窗过梁高，按 Enter 键结束命令。

10. 剖面楼梯与栏杆

（1）参数楼梯。"参数楼梯"命令包括两种梁式楼梯和两种板式楼梯，并可从平面楼梯获取梯段参数，一次可以绘制超过一跑的双跑 U 形楼梯，条件是各跑步数相同，而且之间对齐(没有错步),此时参数中的梯段高是其中的分段高度而非总高度。

操作步骤:

1)调出方法:"剖面"→"参数楼梯(CSLT)";

2)执行该命令后,系统弹出如图 8-57 所示"参数楼梯"对话框。

图 8-57　"参数楼梯"对话框 1

"参数"按钮有展开设置参数,单击该按钮后对话框展开如图 8-58 所示,再次单击"参数"按钮则收缩设置参数。

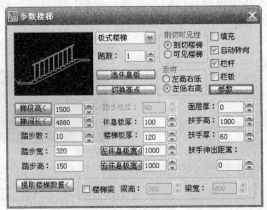

图 8-58　"参数楼梯"对话框 2

> **注:** 直接创建的多跑剖面楼梯带有梯段遮挡特性,逐段叠加的楼梯梯段不能自动遮挡栏杆,请使用 AutoCAD"剪裁"命令自行处理。

(2)参数栏杆。"参数栏杆"命令按参数交互方式生成楼梯栏杆。

操作步骤:

1)调出方法:"剖面"→"参数栏杆(CSLG)";

2)执行该命令后,系统弹出如图 8-59 所示对话框;

3)在对话框中输入合适的参数,单击"确定"按钮,命令行提示"请给出剖面楼梯栏杆的插入点〈退出〉",选取插入点后,插入剖面楼梯栏杆。

(3)楼梯栏杆。"楼梯栏杆"命令根据图层识别在双跑楼梯中剖切到的梯段与可见的梯段,按常用的直栏杆设计,自动处理两相邻梯跑栏杆的遮挡关系。

操作步骤:

图 8-59 "剖面楼梯栏杆参数"对话框

1)调出方法："剖面"→"楼梯栏杆(LTLG)"；

2)请输入楼梯扶手的高度〈1000〉：输入新值或按 Enter 键接受默认值；

3)是否打断遮挡线〈Y/N〉？〈Yes〉：输入 N 或者按 Enter 键使用默认值；

4)按 Enter 键后由系统处理可见梯段被剖面梯段的遮挡，自动截去部分栏杆扶手；命令行接着显示"输入楼梯扶手的起始点〈退出〉"；

5)重复要求输入各梯段扶手的起始点与结束点，分段画出楼梯栏杆扶手，按 Enter 键退出。

(4)楼梯栏板。"楼梯栏板"命令根据实心栏板设计，可按图层自动处理栏板遮挡踏步：对可见梯段以虚线表示；对剖面梯段以实线表示。

调出方法："剖面"→"楼梯栏板(LTLB)"。

本命令操作与"楼梯栏杆"命令相同。

(5)扶手接头。"扶手接头"命令与剖面楼梯、参数栏杆、楼梯栏杆、楼梯栏板各命令均可配合使用，对楼梯扶手和楼梯栏板的接头做倒角与水平连接处理，水平伸出长度可以输入。

操作步骤：

1)调出方法："剖面"→"扶手接头(FSJT)"；

2)请输入扶手伸出距离〈0.00〉：100；

3)请选择是否增加栏杆[增加栏杆(Y)/不增加栏杆(N)]〈增加栏杆(Y)〉：默认是在接头处增加栏杆(对栏板两者效果相同)；

4)请指定两点来确定需要连接的一对扶手！选择第一个角点〈取消〉：给出第一点；

5)另一个角点〈取消〉：给出第二点，开始处理第一对扶手(栏板)，继续提示：请指定两点来确定需要连接的一对扶手，选择第一个角点〈取消〉：给出第一点；

6)另一个角点〈取消〉：给出第二点，处理第二对扶手(栏板)，继续提示角点，最后按 Enter 键退出命令。

11. 剖面加粗填充

(1)剖面填充。"剖面填充"命令将剖面墙线与楼梯按指定的材料图例作图案填充，与

AutoCAD 的"图案填充"使用条件不同，本命令不要求墙端封闭即可填充图案。

操作步骤：

1)调出方法："剖面"→"剖面填充（PMTC）"；

2)请选取要填充的剖面墙线梁板楼梯〈全选〉：选择要填充材料图例的成对墙线；

3)按 Enter 键后显示如图 8-60 所示的对话框，从中选择填充图案与比例，单击"确定"按钮后执行填充。

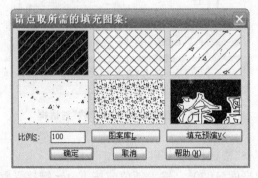

图 8-60 "请点取所需的填充图案"对话框

（2）居中加粗。"居中加粗"命令将剖面图中的墙线向墙两侧加粗。

操作步骤：

1)调出方法："剖面"→"居中加粗（JZJC）"；

2)请选取要变粗的剖面墙线梁板楼梯线（向两侧加粗）〈全选〉：以任意选择方式选取需要加粗的墙线或楼梯、梁板线；

3)选择对象：上次选择的部分亮显，继续选择或者按 Enter 键结束选择，误选按 Esc 键放弃命令；

4)完成命令后，选中的部分加粗，这些加粗的墙线是绘制在 PUB _ WALL 图层的多段线，如果需要对加粗后的墙线进行编辑，应先执行"取消加粗"命令。

课题六   生成门窗表

1. 门窗编号

"门窗编号"命令用于生成或者修改门窗编号，根据普通门窗的门洞尺寸大小编号，可以删除（隐去）已经编号的门窗，转角窗和带形窗按默认规则编号，使用"自动编号"选项，无须样板门窗，输入 S 直接按照洞口尺寸自动编号。

如果改编号的范围内门窗还没有编号，会出现选择要修改编号的样板门窗的提示，本命令每一次执行只能对同一种门窗进行编号，因此只能选择一个门窗作为样板，多选后会要求逐个确认，对与这个门窗参数相同的编为同一个号，如果以前这些门窗有过编号，即便用删除编号，也会提供默认的门窗编号值。

操作步骤：

调出方法："门窗"→"门窗编号（MCBH）"。

(1)有编号的门窗自动编号。

1)请选择需要改编号的门窗的范围：用任何选择方式选取门窗编号范围；

2)请选择需要改编号的门窗的范围：按 Enter 键结束选择；

3)请选择需要修改编号的样板门窗或[自动编号(S)]：指定某一个门窗作为样板门窗，与其同尺寸和类型的门窗编号相同或者输入 S 自动编号；

4)请输入新的门窗编号(删除名称请输入 NULL)〈M1521〉：根据门窗洞口尺寸自动按默认规则编号，也可以输入其他编号如 M1。

(2)已经编号的门窗重新编号。

1)请选择需要改编号的门窗的范围：用 AutoCAD 的任何选择方式选取门窗编号范围；

2)请选择需要改编号的门窗的范围：按 Enter 键结束选择；

3)请输入新的门窗编号(删除编号请输入 NULL)〈M1521〉：根据原有门窗编号作为默认值，输入新编号或者 NUL 删除原有编号。

> **注：**转角窗的默认编号规则为 ZJC1、ZJC2 等，带形窗为 DC1、DC2 等。由用户根据具体情况自行修改。

2. 门窗检查

"门窗检查"命令显示门窗参数电子表格，检查当前图中已插入的门窗数据是否合理。

操作步骤：

(1)调出方法："门窗"→"门窗检查(MCJC)"；

(2)执行该命令后，系统弹出如图 8-61 所示的对话框；

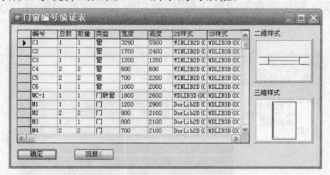

图 8-61　"门窗编号验证表"对话框

(3)在对话框中单击"观察"按钮后，如果该门窗在本图，对话框暂时消失，同时命令行提示：观察第 1/3 个编号为"C1"的门窗[编辑属性(E)/列表查询(L)/返回(X)]〈下一个〉：输入 L 可以列表显示当前门窗(已经用虚线框住)的参数，按 Enter 键即显示同一编号门窗在图中另一个的位置。输入 X 即返回对话框中，选取其他编号的门窗。

在实际作图时，门窗编号修改比较频繁，同时由于数量较多，难免有修改不到的，本命令即是出于此种考虑，不但可以对已有门窗进行统计，更能将图中数据冲突的门窗一一显示出来，还可以预览门窗的二维、三维样式。

注：(1)若单击"观察"按钮不能把指定门窗显示出来，说明该门窗在本工程其他"DWG"文件中。

　　(2)本命令执行前先执行"工程管理"命令，创建各楼层平面图的工程。

3. 门窗表格式选择

操作步骤：

(1)调出方法："门窗"→"门窗表(MCB)"；

(2)请选择当前层门窗：全选图形或框选需统计的部分楼层平面图；

(3)系统弹出图 8-62 所示的对话框，其中显示当前使用的门窗表表头样式，也可以选择其他门窗表表头；

图 8-62　"选择门窗表样式"对话框

(4)单击"从构件库中选择"按钮或者单击门窗表图像预览框均可进入构件库选取"门窗表"项下已入库表头，双击选取库内默认的"传统门窗表""标准门窗表"或者本单位的门窗表(图 8-63)；

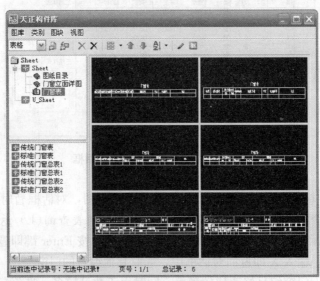

图 8-63　"天正构件库"对话框

(5)关闭构件库返回后按命令行提示插入门窗表；

(6)门窗表位置(左上角点)：选取表格在图上的插入位置。

4. 门窗总表

"门窗总表"命令用于统计本工程中多个平面图使用的门窗编号，检查后生成门窗总表，可由用户在当前图上指定各楼层平面所属门窗，适用于在一个 dwg 图形文件上存放多楼层平面图的情况，也可指定分别保存在多个不同 dwg 图形文件上的不同楼层平面。

操作步骤：

(1)调出方法："门窗"→"门窗总表(MCZB)"；

(2)执行该命令后，在当前工程打开的情况下，系统弹出"选择门窗表样式"对话框，如图8-64所示；

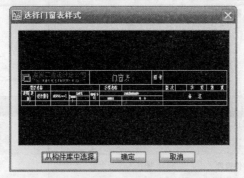

图 8-64　"选择门窗表样式"对话框

(3)按需要单击"从构件库中选择"按钮，或者单击表格预览图像框进入构件库选取已入库表头，双击选取库内默认的"传统门窗表""标准门窗表"或者本单位的门窗表，随即返回"选择门窗表样式"对话框，单击"确定"按钮，读入当前工程的各平面图的层门窗数据创建门窗总表；

(4)门窗表位置(左上角点)：选取表格在图上的插入位置插入门窗总表。

课题七　图库管理

图库管理系统调出方式："图块图案"→"通用图库(TYTK)"。

执行该命令后，显示如图 8-65 所示对话框(其中图库保留上次选择的状态)。

天正图库界面包括六大部分(图 8-66)：图库工具栏、菜单栏、图库类别区、图块名称表、图块预览区、图库状态栏。对话框大小可随意调整并记录最后一次关闭时的尺寸，类别区、块名区和图块预览区之间也可随意调整最佳可视大小及相对位置，贴近用户的操作顺序，符合 Windows 的使用风格，其中菜单栏是从 8.0 开始增加的，方便不熟悉图标的用户使用。

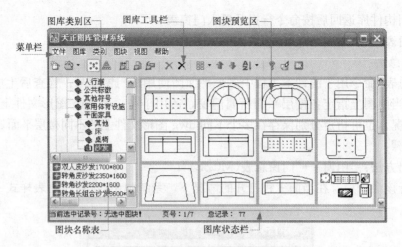

图 8-65 "天正图库管理系统"对话框

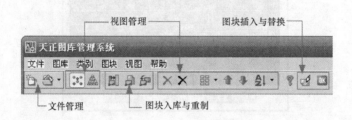

图 8-66 图库按钮功能

天正图库支持鼠标拖放的操作方式，只要在当前类别中点取某个图块或某个页面（类型），按住鼠标左键拖曳图块到目标类别，然后释放左键，即可实现在不同类别、不同图库之间成批移动、复制图块。图库页面拖放操作规则与 Windows 的资源管理器类似，具体说就是：从本图库（TK）中不同类别之间的拖动是移动图块，从一个图库拖曳到另一个图库的拖曳是复制图块。如果拖曳的同时按住 Shift 键，则为移动。

课题八　图形打印

在当前模型空间或图纸空间插入图框，新增通长标题栏功能以及图框直接插入功能，预览图像框提供鼠标滚轮缩放与平移功能，插入图框前按当前参数拖曳图框，用于测试图幅是否合适。图框和标题栏均统一由图框库管理，能使用的标题栏和图框样式不受限制，新的带属性标题栏支持图纸目录生成。

操作步骤：

(1)调出方式："文件布图"→"插入图框（CRTK）"。

(2)执行该命令后，显示如图 8-67 所示对话框。

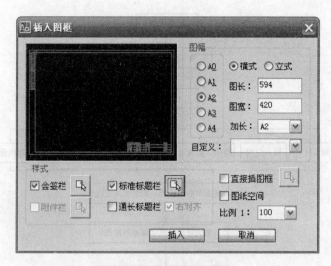

图 8-67　"插入图框"对话框

（3）选择设置打印机。针对不同的打印机的驱动程序，进行操作。

（4）设置线宽。可以通过颜色设置图线的打印宽度。

（5）打印比例。注意要考虑文字和图形两个比例。

（6）多比例布图。一个图框中布置多个比例的图形是计算机出图的一个难点，TArch 利用图纸空间，提供了很好的解决方案。首先在模型空间把各部分图都绘制好，绘图时使用"当前比例"命令进行比例设定，或者用"改变比例"命令进行更改，然后进入图纸空间——即选择布局标签，进行页面设置，包括打印设备、纸张大小、打印样式表等，注意打印比例一定要设成 1∶1。系统在纸面上会自动创建一个视口，但这个视口是没有用的。接着用定义视口的命令，把模型空间的图用两点确定的矩形框定义，注意输入图形的比例（此比例必须与该图形的绘制比例一致），系统自动切换到图纸空间，动态拖曳矩形框布置在图纸上合适位置。用同样的步骤把各部分图形都布置到纸面上。在图纸空间插入图框，直接打印输出即可。

（7）打印样式表。打印样式表是设置笔宽和颜色的控制表，TArch 提供了一个按照规范设置好颜色和笔宽的对应关系的打印样式表，在页面设置对话框中可直接选用。

小　结

运用天正建筑软件的各种绘图工具，可以更方便快捷地绘制建筑平面图、建筑立面图、建筑剖视图和建筑详图。其主要流程如图 8-68 所示：

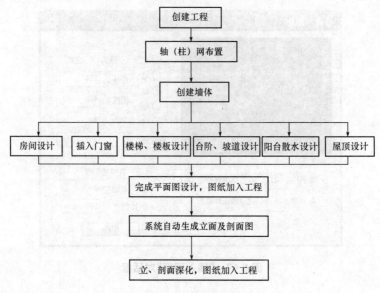

图 8-68 主要流程

思考与练习

判断题

1. 用天正软件绘图时，自动建立图层并将不同图元画在特定图层上。　　　　　　（　　）

2. 天正画墙线前进的方向分左墙和右墙。　　　　　　　　　　　　　　　　　（　　）

3. 画墙线时捕捉的交点必须是轴线交点。　　　　　　　　　　　　　　　　　（　　）

4. 天正不能识别用 AutoCAD 命令绘制在平面图中的墙线、门窗等。　　　　　（　　）

5. 天正中认为门和窗是不同性质的图块，不可以替换。　　　　　　　　　　　（　　）

6. 雨水管的上端中点过起点，下端中点过终点。　　　　　　　　　　　　　　（　　）

7. 在天正立面绘图中，调入平面生成多个视窗，可以通过边框的粗细来区分当前视窗与其他视窗。　　　　　　　　　　　　　　　　　　　　　　　　　　　　　　（　　）

8. 剖面中可见生成命令是用来生成剖切面后的可见部分的投影，不反映被遮挡的图元。

（　　）

9. 如果某一层的楼梯已经做了裁剪，不影响剖切生成命令的作图结果，因为图中保留了剪掉部分的全部信息。　　　　　　　　　　　　　　　　　　　　　　　　　　　（　　）

10. 画剖断梁就是画一个矩形梁，加可见梁就是画一条平行线。　　　　　　　（　　）

附 录 AutoCAD 2016 命令检索

1. 绘图命令

命令(快捷命令)	功能	命令(快捷命令)	功能
POINT(PO)	点	RECTANGLE(REC)	矩形
LINE(L)	直线	POLYGON(POL)	正多边形
XLINE(XL)	射线	CIRCLE(C)	圆
SPLINE(SPL)	样条曲线	ARC(A)	圆弧
MLINE(ML)	多线	ELLIPSE(EL)	椭圆/椭圆弧
PLINE(PL)	多段线	DONUT(DO)	圆环
MTEXT(T)	多行文字	SKETCH	徒手画线
DTEXT(DT)	单行文字	BHATCH(H)	填充(图案或渐变色)
REGION(REG)	面域	DIVIDE(DIV)	定数等分
BLOCK(B)	块定义	MEASURE(ME)	定距等分
WBLOCK(W)	定义块文件	INSERT(I)	插入块

2. 修改命令

命令(快捷命令)	功能	命令(快捷命令)	功能
ERASE(E)	删除	COPY(CO)	复制
MIRROR(MI)	镜像	OFFSET(O)	偏移
ARRAY(AR)	阵列	MOVE(M)	移动
ROTATE(RO)	旋转	SCALE(SC)	缩放
STRETCH(S)	拉伸	TRIM(TR)	修剪
EXTEND(EX)	延伸	BREAK(BR)	打断
JOIN(J)	合并	CHAMFER(CHA)	倒角
EXPLODE(X)	分解	FILLET(F)	圆角
PEDIT(PE)	多段线编辑	LENGTHEN(LEN)	拉长
DDEDIT(ED)	修改文本		

3. 对象特性

命令（快捷命令）	功能	命令（快捷命令）	功能
STYLE(ST)	文字样式	LAYER(LA)	图层特性管理器
LINETYPE(LT)	线形	UNITS(UN)	图形单位
LWEIGHT(LW)	线宽	Esc/QUIT	退出
BOUNDAR(BO)	边界创建	COLER(COL)	颜色设置
LTSCALE(LTS)	线形比例	ATTDEF(ATT)	属性定义
LIST(LI)	列表显示图形信息	ATTEDIT(ATE)	编辑属性
OPTIONS(OP)	选项	LIMITS	图形界限
TOOLBAR(TO)	工具栏	OSNAP(OS)	草图设置

4. 尺寸标注

命令（快捷命令）	功能	命令（快捷命令）	功能
DIMSTYLE(D)	标注样式	DIMLINEAR(DLI)	线性标注
DIMALIGNED(DAL)	对齐标注	DIMRADIUS(DRA)	半径标注
DIMDIAMETE(DDI)	直径标注	DIMANGULAR(DAN)	角度标注
DIMCENTER(DCE)	圆心标记	DIMORDINAT(DOR)	坐标标注
QLEADER(LE)	快速引线	DIMBASELINE(DBA)	基线标注
DIMCONTINU(DCO)	连续标注	DIMOVERRID(DOV)	替换标注变量

5. 视察控制

命令（快捷命令）	功能	命令（快捷命令）	功能
PAN(P)	平移	ZOON(Z)	缩放
Z+E	显示全图	Z+P	返回上一视图
Z+空格+空格	实时缩放		

6. 三维绘图

命令	功能	命令	功能
3D	建立三维网格对象	3DRBIT	控制三维空间中的对象观察
3DMESH	建立三维网格表面	3DPAN	激活交互式的三维视图并平移视图
3DCLIP	激活交互式的三维视图立项 打开 AdjustClippingPlanes 窗口	3DSIN	输入 3Dstudio 格式的文件
3DFACE	建立三维表面	3DPOLY	建立三维多段线对象
3DCORBIT	激活交互式的三维视图 并使视图中的对象连续运动	3DSOUT	输出 3Dstudio 格式的文件
3DDISTANCE	激活交互式的三维视图 并使视图拉近或者拉远	3DSWIVL	激活交互式的三维视图 并模拟相机效果
3DARRAY	建立三维对象阵列	3DZOOM	激活交互式的三维视图并缩放

7. 常用快捷键

快捷键	功能	快捷键	功能
Ctrl+1	修改特性	Ctrl+2	设计中心
Ctrl+3	工具选项板	Ctrl+4	图纸集管理器
Ctrl+8	快速计算器	Ctrl+9	打开/关闭命令行
Ctrl+0	全屏显示	Ctrl+O	打开文件
Ctrl+C	复制文件	Ctrl+V	粘贴
Ctrl+X	剪切	Ctrl+N/M	新建文件
Ctrl+P	打印	Ctrl+S	保存
Ctrl+B	栅格捕捉	Ctrl+G	栅格
Ctrl+L	正交	Ctrl+W	对象追踪
Ctrl+U	极轴		

8. 常用功能键

功能键	功能	功能键	功能
F1	帮助	F2	文本窗口
F3	对象捕捉	F6	动态 UCS
F7	栅格	F8	正交
F9	捕捉	F10	极轴
F11	对象捕捉追踪	F12	动态输入

参考文献

[1] 胡仁喜，刘昌丽，韦杰太，等. AutoCAD 2011 中文版建筑设计实例教程[M]. 北京：机械工业出版社，2011.

[2] 周伯苑，倪茜，师立德. AutoCAD 2009 中文版建筑施工图与景观综合设计[M]. 北京：电子工业出版社，2009.

[3] 张俊玲，李彦雪，胡远东. 园林设计 CAD 教程[M]. 北京：中国水利水电出版社，2008.

[4] 陈秋晓，孙宁，陈伟峰，等. 城市规划 CAD[M]. 杭州：浙江大学出版社，2009.

[5] 谢美芝，罗慧中. AutoCAD 2009 土木建筑制图[M]. 北京：清华大学出版社，2010.

[6] 赵冰华，喻骁. 土木工程 CAD＋天正建筑基础实例教程[M]. 南京：东南大学出版社，2011.

[7] 麓山工作室. AutoCAD 2009 中文版建筑设计与施工图绘制经典实例教程[M]. 北京：机械工业出版社，2009.

[8] 孙茜. 建筑工程 CAD[M]. 天津：天津大学出版社，2011.

[9] 胡可，杨文军. 建筑 CAD 绘图技术[M]. 北京：电子工业出版社，2011.

[10] 贺蜀山. 建筑 CAD[M]. 北京：化学工业出版社，2010.

[11] 傅竹松. 建筑 CAD 实例教程[M]. 北京：中国电力出版社，2011.

[12] 吴银柱，吴丽萍. 土建工程 CAD[M]. 2 版. 北京：高等教育出版社，2006.

[13] 巩宁平，邓美荣，陕晋军. 建筑 CAD[M]. 3 版. 北京：机械工业出版社，2008.

[14] 刘培晨，戈升涛，于浩方. AutoCAD-TArch 建筑图绘制方法与技巧[M]. 北京：机械工业出版社，2007.

[15] 樊旭燕，吴莉莹. 建筑 CAD[M]. 武汉：武汉大学出版社，2015.

[16] 曹蕾. 中文版 AutoCAD 2016 建筑设计实例教程[M]. 北京：清华大学出版社，2016.

[17] 程新宇，李敏杰. 中文版 AutoCAD 2015 建筑制图从新手到高手[M]. 北京：清华大学出版社，2015.

[18] 宋扬. AutoCAD 2016 中文版室内装潢从入门到精通实战案例版[M]. 2 版. 北京：机械工业出版社，2016.